Hosner/Obal

Raubwild

Zeitgemäße Bejagung

Leopold Stocker Verlag
Graz – Stuttgart

Umschlaggestaltung:
DSR Werbeagentur Rypka GmbH, 8143 Dobl/Graz
Titelbild: Walter Gaigg, Steyrling

Bildnachweis:
Michael Migos (Marderhund), Klaus Schneider (Iltis), Josef Kirchmair (Goldschakal), Erich Marek (Fuchs), Christian Knittel (Biber), Reiner Bernhardt (Edelmarder), Manfred Danegger (Dachs), Dieter Hopf (Steinmarder), Adolf Schilling (Nutria, Hermelin, Waschbär). Die übrigen Bilder wurden freundlicherweise von den Autoren zur Verfügung gestellt.

Bibliografische Information Der Deutschen Bibliothek
Die Deutsche Bibliothek verzeichnet diese Publikation in der Deutschen Nationalbibliografie; detaillierte bibliografische Daten sind im Internet unter http://dnb.ddb.de abrufbar.

Hinweis: Dieses Buch wurde auf chlorfrei gebleichtem Papier gedruckt. Die zum Schutz vor Verschmutzung verwendete Einschweißfolie ist aus Polyethylen chlor- und schwefelfrei hergestellt. Diese umweltfreundliche Folie verhält sich grundwasserneutral, ist voll recyclingfähig und verbrennt in Müllverbrennungsanlagen völlig ungiftig.

Auf Wunsch senden wir Ihnen gerne kostenlos unser Verlagsverzeichnis zu:
Leopold Stocker Verlag GmbH
Hofgasse 5 / Postfach 438
A-8011 Graz
Tel.: +43 (0)316/82 16 36
Fax: +43 (0)316/83 56 12
E-Mail: stocker-verlag@stocker-verlag.com
www.stocker-verlag.com

ISBN 978-3-7020-1245-8

Layout und Repro: DSR Werbeagentur Rypka GmbH, 8143 Dobl/Graz
Druck: Druckerei Theiss GmbH., A-9431 St. Stefan

Inhalt

Liebe Leserin, lieber Leser,

wir freuen uns über Ihr Interesse an unserer Verlagsarbeit. Gerne informieren wir Sie über Neuerscheinungen aus unseren Programmbereichen.

Stocker

Diese Karte entnahm ich dem Buch:

______

Ihre Meinung zu diesem Buch:

______

Wie gefällt Ihnen unser Programm:

______

Welches Thema vermissen Sie?

______

Welche Vorschläge für Neuerscheinungen haben Sie für uns?

______

Auf dieses Buch wurde ich aufmerksam durch:

- ☐ Buchhandlung
- ☐ Buchhandelsprospekt
- ☐ Buchbesprechung
- ☐ Empfehlung
- ☐ Anzeige
- ☐ Inserat in: ______
- ☐ Verlagsprospekt
- ☐ Anderes: ______

Ihre Angaben helfen uns, unsere Bücher noch interessanter für Sie zu machen. Unter allen Einsendern verlosen wir jährlich 50 Buchtitel. Der Rechtsweg ist ausgeschlossen.

Besuchen Sie uns auch im Internet: www.stocker-verlag.com

Vorwort

Die Bejagung des Raubwildes ist seit jeher ein wichtiger Bestandteil des gesamten Jagdbetriebes. Die Motive haben sich aber im Laufe der Zeit stark geändert.

Wurde das Raubwild in früherer Zeit hauptsächlich wegen seines Felles und später auch zum Schutz der Haustierherden gejagt, so ist es heute die Aufgabe des Jägers, es so weit in seinem Bestand einzuschränken, dass ein vernünftiges Verhältnis zwischen Raub- und Nutzwild aufrechterhalten bleibt.

Dies ist insoferne notwendig, da sich die meisten Raubwildarten sehr gut an die Kulturlandschaft angepasst haben und zusätzlich durch das Fehlen des Großraubwildes außer den Menschen fast keine natürlichen Feinde mehr vorhanden sind.

Wo aber das Raubwild gehäuft auftritt, erfolgt eine starke Reduzierung des Niederwildes im Feldrevier, und im Gebirge werden Zusammenhänge zwischen der Höhe des Raubwildbestandes und dem Vorkommen von z. B. Hasen oder den Raufußhühnern beobachtet.

Noch verstärkt wurde das Auftreten z. B. des Fuchses durch seine Immunisierung gegen die Tollwut und vor allem auch des Steinmarders durch die heutige Hausbauweise mit Blinddachnischen. Es ist die Aufgabe des pflichtbewussten Jägers, hier regulierend einzugreifen.

Der Rückgang der Niederwildbestände wird meist einfachheitshalber der Landwirtschaft angelastet, die Höhe des Raubwildbestandes wird dabei aber oft ganz außer acht gelassen.

Wie sehr dies unterschätzt wird, zeigt sich erst, wenn durch eine gezielte Bejagung die meist unerwarteten Abschuss- oder Fangzahlen vorliegen. Es ist zu verfolgen, dass in Gebieten, wo gute Niederwildstrecken erreicht werden, auch über Jahre hinweg ansehnliche Raubwildstrecken erzielt wurden. Es ist bewiesen, dass es möglich ist, durch gezielte Lebensraumverbesserung und eine konsequente Raubwildbejagung einen guten Niederwildbestand zu erhalten.

Dass dies oft mit großen Schwierigkeiten – besonders die Fangjagd betreffend – verbunden ist, liegt in der Natur der Sache. Jeder Gegner der Fangjagd sei aber darauf aufmerksam gemacht, dass nur jene Jäger die Fallenjagd ausüben dürfen, die eine dementsprechende Unterweisung erhalten haben, denn nur durch eine gute Ausbildung lassen sich Fehlfänge vermeiden.

Zur waidgerecht durchgeführten Raubwildbejagung gehört eine große Passion, einerseits, um das sehr schlaue Wild zu überlisten, und andererseits auch, um über manche Unannehmlichkeit hinwegzusehen. Durch den erzielten Erfolg und die vielen interessanten und schönen Stunden im Revier wird man dabei voll entschädigt.

In der Überzeugung, eine gute Sache zu vermitteln, haben wir uns entschlossen, unsere Erfahrungen und unser Können an andere Waidkameraden, zum Wohle des gesamten Waidwerkes, weiterzugeben.

Felix Hosner, Erich Obal
Sommer 2009

Einleitung

Vorweg sei gleich darauf hingewiesen, dass alles, was in diesem Buch über die Bejagung und den Fang des Raubwildes geschrieben wurde, auch auf Zweckmäßigkeit und auf Erfolg ausgerichtet ist. Die unterschiedlich geltenden gesetzlichen Bestimmungen hat jeder einzelne für sein Revier zu beachten und zu wissen. Wir haben uns bemüht, einige erfolgsträchtige Möglichkeiten aufzuzählen und zu beschreiben. Was der einzelne daraus macht, liegt nicht mehr in unserem Einflussbereich.

Es gibt viele Möglichkeiten, Raubwild zu bejagen, sei es mit Flinte, Büchse oder Fanggerät, es hängt aber sehr stark von den verschiedenen Gegebenheiten ab, was sich im Revier machen lässt. In einem stadtnahen, von Wanderern stark frequentierten und überlaufenen Revier sind die Möglichkeiten, das Raubwild zu bejagen, sicherlich anders als in einem abgelegenen Bergrevier. Doch hier wie dort ist es wichtig, das Raubwild kurzzuhalten. Es wird wohl jedem klar sein, dass man z. B. in einem Naherholungsgebiet mit vielen Wegen neben einem solchen keinen Schwanenhals oder andere Totfangfallen aufstellen kann. Hier muss man andere Methoden in Betracht ziehen, z. B. Lebendfangfallen, wie Rohr- oder Kastenfallen, die, richtig angewendet, ebenfalls sehr gute Fangergebnisse liefern.

Überhaupt ist in manchen Ländern das Fangen mit Totfangfallen verboten oder nur, wie z. B. in Oberösterreich, mit einer besonderen Schulung erlaubt. Was die Fangjagd mit Totschlagfallen betrifft, ist die Moral mancher Tierschützer meines Erachtens doppelzüngig, wie sonst wäre es möglich, den Totfang von Raubwild verbieten zu wollen, dasselbe aber bei Maus und Ratte zu tolerieren, oder gibt es zwei Kategorien von Tieren? Dass der Jäger bei seiner verantwortungsvollen Tätigkeit ein großes Maß an Wissen und Können haben muss, wird dabei oft außer acht gelassen. Dass aber dabei auch etwas Unerwünschtes passieren kann, ist nicht abzustreiten.

Viele Jagdverbände haben jedoch die Zeichen der Zeit erkannt und bieten ihren Mitgliedern ausgezeichnete Ausbildungskurse an. Das ist die beste Gewähr, dass Fehlfänge auf ein Minimum reduziert werden. Die sicher gut gemeinten Aktionen, wie z. B. die Immunisierung der Füchse gegen Tollwut, haben sich nachträglich als nicht immer zielführend herausgestellt, weil sie eine höhere Überlebensrate beim Fuchs bewirkte und somit der Druck auf seine Beutetiere (Nutzwild sowie seltene Arten) noch verstärkt wurde. Auch dem Fuchs selbst ist damit nicht geholfen worden, denn durch die höhere Fuchsdichte wurde die Räude verstärkt übertragen, was für viele Tiere ein qualvolles Leben, oft bis zum Tode, bedeutete.

Viel sinnvoller wäre es, starke Raubwildbestände scharf zu bejagen, denn ausrotten kann und will sie kein Jäger, allein schon seiner ökologischen Aufgaben wegen. Außerdem bedeutet doch die Bejagung, sei es mit Flinte oder Falle, eine Vielzahl jagdlicher Freuden und Erlebnisse. Gerade für einen jungen Jäger müsste es eine besondere Herausforderung sein, den schlauen Fuchs zu überlisten.

Kurzbeschreibung der Raubwildarten

Fuchs *(Vulpes vulpes* L.*)*

Kaum ein Wildtier ist bei den Menschen so bekannt wie der Fuchs, so dass er nicht nur bei Jägern großes Ansehen genießt. Selbst Kinder im Kindergarten lernen ihn schon im Lied kennen. Wer kennt das nicht: „Fuchs, Du hast die Gans gestohlen ...". Bekannt ist ja auch seine sprichwörtliche Schläue. In Österreich diente er bei der Post lange Zeit als Maskottchen und Markenzeichen. Dass der in der Fabel als „Meister Reineke" bezeichnete Fuchs ein Meister im Überleben und in seiner Lebensweise ist, ist unbestritten. Ich kenne kein Tier, das es in ärgster Bedrängnis so gut versteht, sich „aus der Affäre" zu ziehen.

Fuchs (Vulpes vulpes L.*)*

Wen wundert es da, dass der Fuchs eine begehrte Beute vieler Jäger ist. Um auf Meister Reineke erfolgreich zu waidwerken, muss man allerdings schon einiges über seine Lebensweise und sein Verhalten wissen. Da es zu lange dauern würde, alle diese Erfahrungen in der Praxis zu sammeln, ist es einfacher, sich gute wissenschaftliche Literatur zu besorgen, z. B. Felix Labardt: „Der Rotfuchs".

Was seine Sinne betrifft, ist wohl der Sehsinn am wenigsten ausgeprägt. Diese Erfahrung bestätigt sich immer wieder bei Ansitzen im Schneehemd: Verhält man sich bewegungslos, läuft einem Reineke bis vor die Füße. Sein Gehör dagegen ist ausgezeichnet. Diese Erfahrung musste schon so mancher Jäger machen, der keine geräuscharme Kleidung trug. Beim Auffahren (in Anschlag gehen) des Gewehres empfahl sich der Fuchs so rasch er konnte. Beim Orten von Geräuschen ist er ein wahrer Meister, der z. B. zielsicher pfeifende Mäuse anläuft.

Das wichtigste Sinnesorgan ist auch sein best ausgebildetstes: es ist die Nase (Geruchssinn). Dieser Umstand hat schon so manchen Fänger zur Verzweiflung gebracht, wenn er merkte, dass Reineke am Fangplatz war, diesen aber fluchtartig wieder verließ, weil er merkte, dass hier verschiedene Gerüche nicht zusammenpassten.

Eine der Lieblingsnahrungen des Fuchses ist wohl unbestritten die Maus. Aber auch junge Hasen gehören dazu. Das bestätigte die Öffnung eines Kunstbaues, in dem eine Fähe ihr Geheck hatte. Dabei kamen 17 Junghasen zum Vorschein, die die Fähe wohl als Vorrat angelegt hatte.

Aber auch Obst und andere Dinge werden gerne verspeist, dies beweist immer wieder die Losung, in der die verschiedensten Obstkerne und Chitinpanzer von Insekten gefunden werden. Dies ist speziell im Herbst der Fall, wo diese Nahrungsmittel zur Bildung von Fettreserven für den Winter dienen.

Was den Lebensraum des Fuchses betrifft, so muss dieser bestimmte Anforderungen erfüllen, und zwar: genügend Fraß, bewohnbare Baue, ausreichend Deckung – und dies das ganze Jahr hindurch. Füchse kontrollieren ihr Territorium regelmäßig und setzen Duftmarken. Dies dient sowohl der Verständigung als auch der Abgrenzung ihres Lebensbereiches.

Die Ranzzeit fällt in die Monate Jänner und Februar, aber auch im Dezember wurde schon Ranzbetrieb beobachtet. Die Fähe lockt Rüden aus der ganzen Umgebung an und kann auch von verschiedenen gedeckt werden. Die Folge ist, dass die Wurfgeschwister mitunter verschiedene Väter haben. Nach 51–53 Tagen wölft die Fähe 5–8 Welpen im Bau. In den ersten zwei Wochen verlässt sie den Bau kaum. In dieser Zeit lebt sie von Vorräten oder wird vom Rüden versorgt. Dazu schreibt Labhardt: „Selten war ein Faktum bis in die jüngste Zeit so umstritten wie die Rolle des Vaters. Immer wurde bezweifelt, dass der Rüde sich um die Familie kümmert. Dies ist aber eindeutig der Fall, wie Beobachtungen in Gefangenschaft und in freier Wildbahn zeigten; Jungfüchse werden im Laufe des Sommers selbständig. Bis zum Herbst aber werden sie von den Eltern aus Konkurrenzgründen verdrängt."

In Gebieten, in denen es sehr unruhig ist und der Fuchs stark bejagt wird, ist er zum reinen Nachtwild geworden. Wo aber viele Füchse gute Lebensbedingungen vorfinden, kann es durchaus sein, dass sie tagsüber unterwegs sind (Großstädte). Außerhalb der Geheckzeit bewohnt Reineke seine Baue nur sporadisch. Erst im Spätherbst, bei schlechtem Wetter und bei der Ranz hält sich der Fuchs wieder vermehrt im Bau auf.

Dachs *(Meles meles* L.*)*

Der Dachs ist ein eher harmloser Geselle. Er ist das ganze Jahr an seinen Bau gebunden, den er zwar öfter wechselt, indem er für einige Zeit in einen in der Nähe liegenden umzieht, aber sonst immer wieder in seinen Hauptbau zurückkehrt.

Seine Behausung ist relativ einfach zu erkennen, denn wenn man vor einer Röhre die bekannte Rinne sieht, ist der Bewohner meist eindeutig. Diese Rinne entsteht, wenn Meister Grimbart sein Aushubmaterial im Rückwärtsgang aus dem Bau befördert. Häufig ist in großen Dachsburgen, die meist über mehrere Etagen verfügen, Reineke Fuchs als Mitbewohner anzutreffen.

Dachs (Meles meles L.*)*

Vor Jahren, als die Tollwut im Land wütete, glaubte man durch Vergasen der Baue die Füchse zu dezimieren. Leider erwischte es vielfach den Falschen, denn viele Dachse mussten so ihr Leben lassen, so dass diese in manchen Gegenden Deutschlands eine Rarität wurden. Doch dort, wo dieser sinnlose Unfug ausblieb, sind gute Dachsbestände vorhanden, die eine schonende Bejagung zulassen.

Früher war das Fett der Dachse sehr geschätzt – frisch als Arznei und zur Behandlung von Rheuma – altes Fett war immer noch gut zu gebrauchen, und zwar als Schuhcreme. In schlechten Zeiten war auch das Fleisch mancherorts begehrt, es besitzt große Ähnlichkeit mit Schweinefleisch. Rauchfleisch vom Dachs wurde sogar zeitweise als Delikatesse gehandelt. Wichtig war nur, dass das Fleisch vom Tierarzt auf Trichinen begutachtet wurde.

Was seine Nahrung betrifft, so ähnelt sie der des Schweines, denn der Dachs ist nämlich ebenso ein Allesfresser. Zu den Leibspeisen von Grimbart zählen u. a. Regenwürmer, Engerlinge und Käfer, die er auf seinen nächtlichen Streifzügen findet. Gerne besucht er Maisfelder, gerade den „milchreifen" Mais verspeist er mit Vorliebe.

Vielfach herrscht die Meinung, der Dachs sei griesgrämig und ein Einzelgänger. Wenn in einem größeren Bau aber oft 5–8 Dachse hausen, dann muss er wohl etwas Familiensinn besitzen. In Bergrevieren, wo Höhlen eher knapp sind, hält er sich gerne unter Heuhütten auf. Seine Anwesenheit verrät er mit Löchern, die er in die Erde gräbt und darin seine Losung absetzt, um später wieder die sich einfindenden Aaskäfer zu verspeisen. In Gegenden, in denen es Schwarzwild gibt, besucht Grimbart mit Vorliebe die Saukirrung. So ist seine Erlegung oftmals gar keine große Schwierigkeit, mit Ausdauer hat man bald seine Dachsschwarte oder einen Dachsbart am Hut.

Steinmarder *(Martes foina Erxleben)*

Noch vor fünfzig Jahren war der Steinmarder eine eher seltene Erscheinung. Damals gab es ganz wenige, die es verstanden, den Marder zu fangen. Diese hüteten aber ihr Können als Geheimnis, was zur damaligen Zeit auch verständlich war, wurden doch für einen „Ia-Marder" bis zu €73,- bezahlt.

Dass „Weißkehlchen" einen solchen Aufschwung nehmen würde, hätte sich damals bestimmt keiner gedacht. War der Steinmarder früher fast ausschließlich Landbewohner, so ist er heute auch in der Stadt zum fast täglichen Erscheinungsbild geworden. Dass er vielerorts auch große Schäden verursacht, dürfte hinlänglich bekannt sein. Auch Autofahrer können diesbezüglich mit unangenehmen Erfahrungen aufwarten, etwa, wenn sie am Morgen ihr Auto starten wollen und feststellen müssen, dass der Marder des Nachts die Kabel durchgebissen hat.

Steinmarder sind weitgehend nachtaktiv, doch Fähen mit ihren Jungen sind oft auch tagsüber zu entdecken. In der Regel verbringen sie den Tag in Baulichkeiten, wie Dachböden, Scheunen, Schuppen und Feldstadeln. Im Wald hingegen bilden Reisighaufen, gelagertes Holz, hohle Bäume und verlassene Höhlen die Tagesunterkünfte. Aus Erfahrung weiß man, dass bestimmte Gebäude geradezu ideale Unterkünfte für den Marder sein müssen. Denn fängt man diese weg, dauert es meist nicht lange und die freigewordene „Wohnung" wird wieder neu bezogen. Grund dafür dürfte die Duftmarkierung via Sohlen- und Bauchdrüsen sein. Diese ist es wohl auch, die dafür verantwortlich ist, dass die Neuen auch wieder die gleichen Wechsel und Pässe einhalten wie ihre Vorgänger. Besonders gerne werden Pergolen, Dachröhren und an der Hausmauer stehende Obstbäume als Auf- und Abstiegshilfen benutzt. Wer ein geschultes Auge hat, kann gerade an Feldscheunen leicht entdecken, wo der Marder läuft.

Steinmarder (Martes foina Erxleben)

Was die Fortpflanzung betrifft, so fällt die Ranz des Steinmarders in unseren Breiten mit der Rehbrunft zusammen. Sie ist im Zeitraum von Anfang Juli bis Mitte August. Oft ist sie mit lautem Gekreische verbunden. Bei meinen zahmen Steinmardern konnte ich allerdings im Februar eine gesteigerte Aktivität sexueller Natur feststellen. Manche behaupten, dies sei eine „Scheinranz", andere wieder sagen, dass es durchaus auch zu einem Deckakt kommen könne. Mein letztes Steinmardergeheck habe ich am 7. März 1997 bekommen, es waren zwei Fähen und ein Rüde. Sie waren gerade dabei, die Seher zu öffnen. Die Fähe hatte das Geheck unter einem riesigen Haufen von Altreifen geworfen. Als dieser abtransportiert wurde, kamen die kleinen Marder zutage. Ich wurde verständigt und holte sie. Heute bedeutet es keine Kunst mehr, solch kleine Säugetiere großzuziehen. Als sie aus dem Gröbsten heraus waren, verschenkte ich die Fähen und den Rüden zog ich groß. Er lebt heute noch in einer großen Voliere mit Innenraum und dient als „Versuchskaninchen", was das Fressen anbelangt. Darüber zu schreiben, würde zu weit führen, aber so viel kann gesagt werden: Alles was süß ist, lieben Steinmarder sehr.

Steinmarderwelpen sind ausgesprochene Nesthocker, die rund vier Wochen blind sind und bis zu acht Wochen gesäugt werden. Mit rund 45 Tagen verlassen sie das Nest, das aber weiterhin als Tagesunterschlupf dient. Fähe und Junge bleiben bis in den Sommer oder Frühherbst zusammen. Danach gehen die Jungen ihre eigenen Wege, doch halten sie sich noch lange im Streifgebiet der Mutter auf.

Was ihre Ernährung anbelangt, so ermittelte Tester (1989) 38 verschiedene Früchte und Beeren, deren Überreste sich in Steinmarderlosung fanden. Dabei bilden die gerade reifen Beeren oder Früchte oft den Löwenanteil in der Losung. Bekannt ist Marderlosung mit Kirsch- oder auch Zwetschkenkernen. Je nachdem, was gerade reif ist. Selbst im Winter findet man Marderspuren im Schnee unter Obstbäumen, wo im Gras noch Reste von Birnen, Äpfeln und Zwetschken ausgescharrt werden. Zu ihrer Grundnahrung aber zählen zweifellos Kleinnager, wie Ratten und Mäuse. Ansonsten ist ihnen an tierischer Nahrung beinahe alles willkommen, was sich gerade anbietet. Dazu gehören auch Fasane und junge Feldhasen, auch Vögel samt ihren Jungen in Nistkästen werden zur Beute. Ihre große Vorliebe für Eier ist nur zu gut bekannt. Nach Tester wurden 35 Säugetier-, 43 Vogel-, 11 Reptilien- sowie 2 Amphibienarten, dazu Fische, Insekten, Spinnen, Regenwürmer, Schnecken u. a. in der Nahrung nachgewiesen. Sie zeigen auch eine große Vorliebe für Honig. Dass Marder auch auf Vorrat wirtschaften, konnten wir oft beim Mardersprengen feststellen. Immer wieder wurden ganze Eier, Flügel oder Federn von Beutetieren zutage befördert.

Einmal kam ein Mechanikermeister zu mir und zeigte mir eine Schüssel voll Eier. Es waren sogar Gänseeier dabei, diese habe er in einer Isolierung der Werkstattdecke gefunden. Nach Rücksprache im angrenzenden Vogelpark wurde bekannt, dass die Nistkästen verschiedener Ziergeflügelarten ständig geplündert wurden. In der Fichtenhecke zum Park fing ich dann einen kapitalen alten Steinmarderrüden, und im Vogelpark kehrte wieder Ruhe ein!

Edelmarder *(Martes martes L.)*

Der Edelmarder ist an seinen Lebensraum, den Wald, bestens angepasst. Er liebt Altholzbestände mit reichem Unterwuchs und Wildobstvorkommen (Heidelbeeren, Himbeeren, Wildkirschen, Ebereschen, Weißdorn u. ä.). Als Aufenthaltsort und Tagesunterschlupf dienen ihm hohle Bäume, Krähen- und Greifvogelhorste sowie Eichhörnchenkobel. Seinen Lebensraum markiert er häufig durch „Stempeln" mit dem Sekret seiner Analdrüsen. Auch das „Markierungsrutschen" an Steinen oder Ästen ist bekannt, selbst die Losung dient der Revier- oder Streifgebietsmarkierung.

Der Edelmarder ist vorwiegend nachtaktiv, doch ist er auch speziell im Winter des Vormittags auf Nahrungssuche unterwegs, wie dies häufig frische Spuren im Schnee beweisen. Wer schon Marderspuren im Schnee ausgegangen ist, der hat erleben müssen, dass der Edelmarder drei Viertel seines Weges auf dem Boden unterwegs war.

Dass ein Edelmarder auch einmal zu einem Hausmarder werden kann, hätte ich nie geglaubt, wäre ich nicht eines Tages mit meinem Terrier zu einer Marderjagd in einem landwirtschaftlichen Anwesen am Rande eines kleinen Dorfes eingeladen worden. In diesem Gebäude hielten die Besitzer 10–15 Stück Legehennen, die einen Heustadel und einen größeren gezäunten Auslauf zur Verfügung hatten. Eines Tages wurden aber die Eier immer weniger, und man beobachtete später einen Marder, der die Eier stahl. Da der örtlich zuständige Jäger den Marder in keine Falle brachte, wurde es mit dem „Mardersprengen" versucht. Da der Terrier im Sprengen von Mardern große Erfahrung besaß (er hatte bereits im Alter von 9 Jahren über 70 Marder gesprengt!), hatte er den Marder rasch in einem Stapel Holz gefunden und verbellte ihn gut. Ich kletterte auf den Holzstapel, leuchtete mit der Taschenlampe in einen Spalt an der Stadelwand und traute meinen Augen nicht: ein kapitaler Edelmarder blinzelte in das Licht der Lampe. Mit viel Krach wurde er zum Flüchten (Springen) gebracht und zweimal verfehlt. Doch auch außerhalb des Heustadels stand ein Schütze, der ihn schließlich erlegte. Es war wahrhaftig ein starker Edelmarderrüde, der zweifelsohne schon zwei Monate im Gebäude seinen Aufenthalt hatte.

Die Ranzzeit ist mit der des Steinmarders, nämlich Juli – August, gleich. Die Edelmarderfähe wirft nach einer Tragzeit, inklusive Eiruhe, von ca. 250–280 Tagen ca. 2–5 Junge. Diese werden etwa 3 Monate von der Fähe betreut, dann lösen sich die Familienbande und sie ziehen immer weiter umher, um später selber einen eigenen Lebensraum zu haben.

Edelmarder (Martes martes L.)

Was die Nahrung anlangt, so besteht diese aus Kleinnagern, Schnecken, Käfern, Vögeln, Hasen, Eiern, Beeren und Früchten. Das Nahrungsangebot wechselt nach der Jahreszeit.

Dass Edelmarder in großen Mengen Beeren verzehren, habe ich anlässlich einer Schwarzwildjagd in Ungarn erlebt. Ich fand eine Vielzahl von Marderlosungen, die beinahe ausschließlich aus Ebereschenbeeren bestand. Oft wird behauptet, dass Edelmarder als Beutetier bevorzugt Eichhörnchen fressen und in deren Bestand regulierend eingreifen. Dieses „Märchen" stammt meines Erachtens aus alter Zeit. Da verwendeten nämlich viele Jäger bevorzugt Eichhörnchen als Köder für den Marderschlagbaum. Es gab ja eine Zeit, da wurden auch Eichhörnchen geschossen und abgebalgt, um den kargen Lohn etwas aufzubessern. Ein alter Berufsjäger erzählte mir, dass er in seinem Leben über 150 Marder, hauptsächlich Edelmarder, gefangen habe, allesamt mit dem Marderschlagbaum. Was dies in der Zeit von 1930 bis ca. 1970 bedeutete, davon haben Jäger in der heutigen Zeit keine Vorstellung mehr.

Iltis *(Mustela putorius)*

Bevorzugter Lebensraum des Iltisses ist eine abwechslungsreiche Wald-Feld-Randlage mit Wasser, Ufergebüsch, Hecken und Feldgehölzen. In diesen nimmt er alle Versteckmöglichkeiten wahr, und zwar: Holzhaufen, Dachs-, Kaninchen- und Bisambaue, Schutthaufen und jede andere sich bietende Unterschlupfmöglichkeit. Darin verschläft er den Tag, um mit beginnender Dämmerung auf Jagd zu gehen.

Iltis (Mustela putorius)

Der Iltis besitzt eine kurze Darmlänge. Daran erkennt man den ausgesprochenen Fleischfresser. Seine Beutetiere sind in erster Linie Ratten und Mäuse, Reptilien und Amphibien, Vögel, Hausgeflügel und deren Eier, Fische, Schnecken, Regenwürmer, Kaninchen und Junghasen sowie auch Igel. Selten frisst er auch Obst. Bekannt ist von den Iltissen, dass sie bei genügend Nahrung sogenannte Vorratsdepots anlegen. Meist bestehen diese aus Beutetieren, die sie relativ leicht fangen können, z. B. Frösche und, wo vorhanden, auch Fische (Döbel!). Bei seinem Nahrungserwerb hält sich der Iltis vorwiegend am Boden auf, er ist kein so gewandter Kletterer wie seine Verwandten, die beiden Marderarten.

In den letzten Jahren ist wieder ein Ansteigen seiner Bestandszahlen festzustellen. Seine Ranzzeit erstreckt sich von März bis Juni. Die Fähe hat keine Eiruhe und bringt nach ca. 42 Tagen 4–8 fast nackte und blinde Junge zur Welt. Nach ca. 30 Tagen öffnen sie die Augen. Mit 10 Monaten sind die Jungen fast ausgewachsen.

Ein Rätsel war es lange Zeit, woher gefangene oder erlegte Iltisse die Löcher in der Hirnschale hatten. Es waren Löcher in der Größe eines 3,5 mm Schrotkornes. Mittlerweile wurde herausgefunden, dass es sich um einen parasitierenden Saugwurm handelt, an dem wahrscheinlich auch viele Tiere verendeten. Aufgrund der Fangzahlen in Österreich ist die ansteigende Tendenz der Population festzustellen. Aus persönlicher Sicht wäre nach Durchsicht der Fangstreckenzahlen der letzten 25 Jahre zu sagen, dass die Streckenergebnisse bei 1.500 ha Fläche in etwa bei drei Stück im Jahr liegen. Diese Iltisse wurden zum einen Teil bei der Ansitzjagd auf den Fuchs, zum anderen in für Marder gestellten Fanggeräten erbeutet, dazu gab es immer wieder Verkehrsopfer.

Hermelin *(Mustela erminea)*

Das Hermelin ist an keinen bestimmten Lebensraum gebunden. Jede Art von Kulturlandschaft ist ihm recht, ausgenommen große, zusammenhängende Waldgebiete. Wie bei allen Beutegreifern ist ihre Bestandszahl von dem vorhandenen Nahrungsangebot abhängig. Über ihre Fortpflanzung finden sich in der Literatur verschiedene Angaben, wie auch die genaue Erforschung ihrer Lebensweise noch ein Betätigungsfeld für Wissenschafter darstellen würde.

Dass Hermeline sehr gut klettern können, habe ich im Revier und an einem im eigenen Hause großgezogenen Geheck feststellen können. Dieses Geheck habe ich – Ende Mai – aus einem Strohhaufen (ca. 40 kleine Ballen), der für Marder angelegt worden war, nach Umschichten von einigen Ballen Stroh, aufgenommen. Es handelte sich um drei Rüden und zwei Fähen, die gerade die Seher geöffnet hatten. Sie waren ohne Probleme großzuziehen und bezogen eine wieseldichte Voliere, die der Art gemäß mit vielen Verstecken ausgestattet wurde. Es war sehr unterhaltsam und lehrreich, ihnen zuzusehen. Dabei stellte ich fest, dass das Gehör das beste Organ des Hermelins ist. Neben der Nase sind auch die Seher sehr gut entwickelt, allerdings nur auf bewegte Objekte.

Zur Nahrung wäre zu sagen, dass sie nicht wählerisch waren. Jede Beute wurde sofort in ein Versteck gezerrt und erst dort gefressen, nie frei an Ort und Stelle. Verschiedentlich wurde auch

Hermelin (Mustela erminea)

Obst angeboten, das aber so gut wie nicht angenommen wurde. Hatten die Hermeline Hunger, so zögerten sie keine Sekunde, auch größere Beutetiere (Kaninchen, Ratten, Zwergkaninchen) anzugreifen und rasch zu töten, wobei der Biss in den Nacken obligatorisch war, was immer schnell zum Verenden des Beutetieres führte. Im Strohhaufen wurden Reste von verschiedenen Beuteopfern gefunden, so z. B. ein kleiner Buntspecht, eine Blau- und eine Kohlmeise sowie Teile eines Fausthasens (= kleiner Feldhase). Zur Bejagung ist zu sagen, dass der Fang des Hermelins in Niederwildrevieren zeitweise durchaus gerechtfertigt ist.

Waschbär *(Procyon lotor* L.*)*

Der Waschbär war ursprünglich in Nordamerika, von Südkanada bis Panama, mit fünf Unterarten verbreitet. Seine Einbürgerung in Deutschland erfolgte sowohl über ausgebrochene Tiere aus Pelztierfarmen als auch über offizielle Aussetzungsaktionen der hessischen Forstämter Vöhl (1934) und Altenlotheim (1937). Mittlerweile findet er sich verstreut über die gesamte Bundesrepublik Deutschland und ist über den Rhein auch in die Niederlande, Belgien, Frankreich und die Schweiz weiter vorgedrungen. Auch aus verschiedenen Teilen Österreichs und Tschechiens werden Vorkommen gemeldet, und sein Verbreitungsgebiet dehnt sich weiter aus.

Bevorzugt werden feuchte Gebiete, Ufer von Flüssen und Seen, möglichst in Verbindung mit abwechslungsreichen Wäldern. Gerne suchen Waschbären auch Siedlungsbereiche des Menschen auf, wo sie nach Abfällen und Ähnlichem suchen.

Die normalerweise grau-braune Grundfarbe seines Balges (er kommt in einigen Farbvariationen vor) teilt der Waschbär mit vielen anderen Familien, aber seine schwarze Gesichtsmaske quer über die Wangen- und Augenregion und die schwarzgeringelte buschige Rute identifizieren ihn deutlich. Die Körperlänge beträgt bis zu 70 cm, das Gewicht bis zu 7–8 kg.
Der Waschbär ist im Allgemeinen nachtaktiv. Tagsüber hält er sich in hohlen Bäumen, Holzstößen, Reisighaufen, Greifvogelhorsten, alten Schuppen und Fuchsbauen auf. In kälteren Regionen halten Waschbären eine Winterruhe, bei der sie keine Nahrung aufnehmen, jedoch einen normalen Stoffwechsel aufweisen. Die Winterruhe dauert von wenigen Tagen bis zu einem Vierteljahr, die Waschbären haben dabei einen erheblichen Gewichtsverlust. Der Haarwechsel findet von Mitte April bis Juni statt. Einen zweiten Haarwechsel gibt es beim Waschbären nicht. Das kurze Sommerhaar wächst allmählich zu langem Winterhaar mit dichter Unterwolle aus.

Was die Ranzzeit betrifft, so fällt diese in die Monate Januar bis März. Sie kann sich jedoch auch bis in den Juli hinein erstrecken. Nach einer Tragezeit von 63–65 Tagen wirft die Waschbärin 2–5 Junge mit einem Gewicht von 64–75 Gramm. Die Jungen haben dichtes, gelbbraunes Haar mit einer angedeuteten Gesichtsmaske. Die Seher werden zwischen dem 19. und 23. Tag geöffnet. Sieben Wochen werden sie von der Bärin gesäugt und verlassen dann erst die Wurfhöhle. Nach etwa 70 Tagen begleiten sie ihre Mutter bei der Nahrungssuche. Ab einem Alter von vier Monaten beginnt sich die Familie aufzulösen.

Waschbär (Procyon lotor L.)

Die Ernährung des Waschbären ist sowohl tierischer als auch pflanzlicher Natur. Je nachdem, was die Jahreszeit gerade bietet. Gesamt gesehen kann man ihn als Allesfresser bezeichnen. Bekannt ist auch, dass er in Städten gerne Mülltonnen und Komposthaufen heimsucht. Je nach Nahrungsangebot führen seine nächtlichen Aktivitäten bis zu 1–3 km weit!

In seiner Heimat wird der Waschbär „Racoon", kurz „Con", genannt. Seine Bejagung erfolgt mit „Coonhounds", beagleähnlichen Niederlaufhunden, die in der Meute jagen, ihn aufstöbern und zum Aufbaumen bringen. Mit einer kleinkalibrigen Kugel (z. B. Hornet) wird er dann erlegt. Waschbären gelten im Übrigen als äußerst schusshart. Für den Schrotschuss – nur auf den völlig breit flüchtenden Waschbären – mindestens 3, 5 mm wählen. Obgleich die Fallenjagd bei ihm eine große Rolle spielt, sind Abzugeisen für den Fang ungeeignet. Da er immer mit den Pranten nach dem Köder greift, ergibt das meist scheußliche Prantenfänge, die niemand will. Eine durchaus weidgerechte Methode ist der Fang mit der großen Kastenfalle (30 x 40 x 200 cm) oder mit dem Hundefang (= übergroße Kastenfalle).Wichtig ist, dass alle Klappen gut schließen, da der Waschbär mit seinen Vorderpranten sehr gut umgehen kann. Rasen- oder Prügelfallen müssen ein erhebliches Gewicht aufweisen (80–100 kg), um den Waschbären sicher zu töten. Günstige Plätze für die Fangjagd sind Obstgärten und Zwangswechsel an Gewässern. Als Köder für große Kastenfallen eignet sich süßes, oft gärendes Obst oder ein frischer Aufbruch (Dosenfutter für Hunde und Katzen probieren!). Befindet sich der Waschbär bereits in der Kastenfalle, so holt man ihn mit dem Abfangkasten oder dem Netzsack daraus und tötet ihn mittels Kopfschuss mit einer kleinkalibrigen Waffe.

Marderhund *(Nyctereutes procyonoites Gray)*

Der Marderhund stammt aus Ost- und Südostasien. Man nennt ihn auch Enock, Japanischer oder Sibirischer Fuchs. Die in Ost- und Mitteleuropa vorkommenden Exemplare stammen ausnahmslos vom sibirischen Schlag ab, dessen Urheimat das Amur-Ussuri-Gebiet und das ostsibirische Küstengebiet sind. Der wertvolle Balg dieser Hundeart dürfte wohl den Ausschlag für die wirtschaftlichen Überlegungen gegeben haben, welche die zuständigen sowjetischen Stellen dazu veranlassten, den Marderhund auch im westlichen, d.h. europäischen Teil des Landes auszusetzen. Erste Einbürgerungsversuche erfolgten im Jahre 1929. Bald wurden auch Pelztierfarmen gegründet, und seit 1934 wurden Marderhunde regelmäßig ausgesetzt.

Der Marderhund ist ein reiner Waldbewohner. Am wohlsten fühlt er sich in Laubwäldern mit dichtem Unterwuchs, in Dickungen, an Fluss- und Seeufern. Die sowjetischen Wildbiologen konnten feststellen, dass er im europäischen Russland und in der Ukraine nur in Regionen bis zu 400 m Seehöhe vorkommt. In höherliegenden Gebieten ausgesetzt, wandert er wieder ab.

Da der Marderhund ein sehr heimliches Leben führt, wird seine Anwesenheit im Revier äußerst spät bemerkt. Seine rasche Verbreitung ist auf die große Fruchtbarkeit (6–8 Welpen), den Mangel an Feinden und die gute Ernährungsmöglichkeit zurückzuführen.

Was sein Äußeres betrifft, so ist der erste Eindruck der einer Kreuzung von Fuchs und Dachs. Dabei wären Kopf und Läufe vom Fuchs, Körper und Bürzel vom Dachs abzuleiten. Der

Marderhund (Nyctereutes procyonoites Gray)

Balg geht farblich ins Graubraune. Das Gesicht zeigt eine waschbärähnliche Maske. Das Gewicht beträgt 8–10 kg. Der Marderhund zählt zu den Allesfressern und hält seine Pässe genau ein, an denen er seine hundeartige Losung hinterlässt.

Über seine Bejagung ist in unseren Breiten noch sehr wenig bekannt. Von einigen Jägern wurden Marderhunde im Schwanenhals gefangen, der für den Fang des Fuchses bestimmt war. Auch anlässlich von Baujagden wurden schon etliche Exemplare erlegt. Einige Jäger konnten den Marderhund bei gelegentlichen Fuchsansitzen bestätigen.

Goldschakal *(Canis aureus)*

Als Einwanderer der jüngsten Vergangenheit könnte man den Goldschakal bezeichnen. Bekannt wurden Vorkommen in der südlichen Steiermark sowie im Waldviertel nahe der tschechischen Grenze. Einzelne Goldschakale wurden Verkehrsopfer oder wurden in Schwanenhälsen gefangen, auch bei Treibjagden sollen schon welche erlegt worden sein (lt. Suchentrunk 1990). Mehrfach wurde aus dem österreichischen Raum über „Rohrwölfe" berichtet, da dies eher schwache Exemplare waren, liegt die Vermutung nahe, dass es sich um Goldschakale gehandelt haben könnte.

Sein stark fuchsähnliches Aussehen wird von vielen Jägern nach dessen Erlegung einfach als „Kapitalfuchs" angesprochen, da es vielen unbekannt ist, dass Goldschakale, vom Balkan kommend, bei uns zuwandern.

Goldschakal (Canis aureus)

Goldschakale wurden auch bereits in Norditalien, im Raum Udine, bestätigt. 1991 wurde ein Goldschakal in der Gemeindejagd von Seebach im Murtal in der Steiermark erlegt. Der Erlegungsort lag auf ca. 1.200 m Seehöhe.

Der Goldschakal beansprucht in der Regel ähnliche Lebensräume wie der Fuchs, unterholzreiche Wälder, buschreiches und eher kleinstrukturiertes Agrarland sowie größere Schilfflächen. Die überwiegend dämmerungs- und nachtaktiven Tiere verbringen den Tag in dichter Deckung. Auch selbstgegrabene Erdhöhlen werden benützt, um einerseits zu übernachten bzw. andererseits das Geheck darin großzuziehen.

Was die Ranzzeit anlangt, so verläuft diese zur selben Zeit wie die des Fuchses, sie kann sich aber bis in den März hineinziehen. Die Tragzeit ist die eines Hundes, nämlich 62–63 Tage. Die Versorgung der Welpen erfolgt durch beide Eltern.

Die Nahrung des Goldschakals ist dieselbe wie die des Fuchses. Nur wenn Schakale in Gruppen jagen, bewältigen sie auch Tiere bis Rehgröße. Ansonsten ist dieses Tier nicht wählerisch. Es wird alles gefressen, was die Jahreszeit gerade bietet. So wird etwa im Herbst auch sehr viel Obst verzehrt.

Der Goldschakal erreicht eine Schulterhöhe bis zu 50 cm und wird bis zu 15 kg schwer. Sollten Sie einmal einen Fuchs fangen oder erlegen, der beim ersten Anblick an einen Wolf erinnert, dann könnte es sich um einen Schakal handeln. Auch bei Hochläufigkeit und einem Gewicht über 10 kg ist die Wahrscheinlichkeit eines Schakals gegeben. Eine Meldung an die Fachpresse wäre wünschenswert, um seine Ausbreitung genau verfolgen zu können.

Biber *(Castor fiber)*

Der Biber war vor der beinahen Ausrottung in Mitteleuropa weit verbreitet. Restbestände kamen noch an der mittleren Elbe, der unteren Rhone, in Polen und Südschweden vor. Inzwischen wurde er erfolgreich unter anderem an der Donau, am unteren Inn, im Elsass und in Österreich wieder angesiedelt.

Der Biber ist der größte Nager Europas. Er erreicht eine Körpergröße von 80–90 cm, wobei seine Kehle (Schwanz) eine Länge von 30–40 cm hat. Diese Kehle ist abgeplattet flach.

Seine Nahrung besteht neben Weichhölzern wie Pappeln und Weiden auch aus Obstbäumen, welche er in charakteristischer Weise kegelförmig anschneidet und fällt. Knospen, Rinde und dünne Zweige dienen ihm als Nahrung. Äste werden in Dämme eingebaut, mit denen Fließgewässer aufgestaut werden oder werden zum Bau von Biberburgen verwendet. Biberburgen überragen den Wasserspiegel bis zu 150 cm und weisen im Inneren trockene Kammern auf. Ähnliche Gänge und Kammern baut er auch in Uferböschungen. Dort verschläft er einen Großteil des Winters, ohne dass seine Körpertemperatur – wie beim eigentlichen Winterschlaf – stärker absinkt.

Biber (Castor fiber)

Der Biber wurde in früheren Jahrhunderten wegen seines wertvollen Pelzes, seines begehrten Fettes, wegen seiner Duftdrüsen (dem Bibergeil) und dem Fleisch, das sehr schmackhaft ist (Fastenspeise) fast bis zur Ausrottung verfolgt. Da seine Wiederansiedlung sehr erfolgreich verläuft, wird es in einigen Jahren zu einer maßvollen Bejagung kommen müssen. (Bereits in einigen Teilen Deutschlands und Österreichs der Fall).

Der Fang mit großen Kastenfallen ist eine Möglichkeiten, den Biber zu bejagen.

Sehr gut bewährt hat sich eine einseitige Kastenfalle in den Maßen 116 x 45 x 50 cm, erzeugt von der Firma Fallenbau Weißer in D-78714 Schramberg.

Als Köder dient ein Maiskolben oder Weidenstück. Aufgestellt wird sie am besten neben Fällbäumen oder Ausstiegen aus dem Wasser.

Immer sind aber die gesetzlichen Vorgaben zu beachten!

Nutria *(Myocastor coypus)*

Die Nutria (Biberratte) ist biberähnlich, aber deutlich kleiner. Der Schwanz ist rund und die Schneidezähne sind immer sichtbar. Sie erreicht eine Körperlänge von 45 – 55 cm bei einem Gewicht von 6 – 10 kg. Der Schwanz eines ausgewachsenen Tieres hat eine Länge von 30 – 40 cm.

Ursprünglich aus Südamerika stammend, bildeten sich aus entwichenen oder freigelassenen Farmtieren dort und da kleine Kolonien. Durch gute Anpassungsfähigkeit und hohe Vermehrung werden sie manchmal zum Problem, da sie Löcher in die Uferwand graben oder Wasserpflanzen stark beweiden. Die Nutria, auch Sumpfbiber genannt, ist an Land eher schwerfällig. Im Wasser dagegen, als Schwimmer und Taucher sehr gewandt. Nutriapelze waren einmal sehr begehrt. Auch ihr Fleisch wurde gerne gegessen. Leider kamen die Pelze aus der Mode, sodass sie auch nicht mehr gezüchtet werden.

Manche Züchter ließen den Rest ihrer Tiere einfach frei. Dort, wo sie überhand nehmen, wird eine Reduktion (Bejagung) nicht auszuschließen sein. Der Fang in Kastenfallen in Ufernähe mit verschiedenem Gemüse als Köder ist relativ leicht.

Nutria (Myocastor coypus)

Warum wird Raubwild bejagt?

Diese für den Laien eher schwierige Frage ist für den Fachmann, sprich firmen Jäger, eine klare Sache. Dass sich aber leider auch manche Jäger als Fachmänner bezeichnen, nur weil sie die Jagdprüfung bestanden haben und sonntags mit der teuren Büchse spazierenfahren, ist hinlänglich bekannt, und auch ich kenne solche „Fachleute". Es kommt aber heute auch häufig vor, dass Leute, die meinen, sie hätten von den Vorgängen im Haushalt der Natur sämtliches Wissen gepachtet, es immer so auslegen, wie es ihnen gerade passt. Ein Beispiel: Es wurden Untersuchungen von Mageninhalten von Rabenvögeln gemacht, eine Analyse und Auflistung von sämtlichen verspeisten Gegenständen, und es fand sich nichts darunter, was auf eine Schädlichkeit der Tiere hindeuten würde. Warum? Ganz einfach: weil diese Untersuchungen im Herbst und Winter durchgeführt wurden und nicht im Frühling und Sommer, wo es eine Menge Jungtiere und Eier gibt. So einfach kann man beweisen, dass Rabenvögel nur „harmlose Singvögel" sind.

Das kann aber nur Leuten erzählt werden, die von den Vorgängen in freier Natur keine Ahnung haben.

Noch ein Beispiel (aus Deutsche Jagdzeitung Nr. 8/Aug. 99):
In einigen deutschen Großschutzgebieten haben engagierte Naturschützer die größten Probleme, geschützte Arten zu erhalten. In Bran-

denburg z. B. führen Naturschützer einen verzweifelten Kampf um den Erhalt der letzten Großtrappen, zahlen Abschuss- und Fangprämien für jeden Fuchs. Im Nationalpark Vorpommersche Boddenlandschaft werden Gelege und Jungtiere zahlreicher bedrohter Bodenbrüter, wie Kampfläufer, Austernfischer oder Großer Brachvogel, von Wildschweinen, Füchsen, Dachsen, Mardern, Marderhunden, Minken oder von Kolkraben, Raben, Nebelkrähen und Elstern gefressen.

Fachleute des Naturschutzes sind sich längst bewusst, dass ein Zuviel an Raubwild zum Artenschutzproblem werden kann. Jäger und Naturschützer versuchen deshalb einen Schulterschluss und suchen nach gemeinsamen Lösungen, um den Artenschwund aufzuhalten und die „Profiteure" der Kulturlandschaft zu regulieren.

Jagd ist heute längst kein reines Vergnügen mehr. Wer sein Revier ordentlich betreuen will, der hat auch viele Verpflichtungen auf sich genommen.

Das Thema Nr. 1: Der Wind

Von größter Bedeutung bei allen Strategien zum Fang und zur Bejagung des Haarraubwildes ist der Wind: Ihm gilt die erste Überlegung, denn nach der Windrichtung werden alle anderen Maßnahmen durchgeführt. Für alle Jäger sollte die Beachtung des Windes eine Selbstverständlichkeit sein, ich mache aber immer wieder die Erfahrung, dass diesem Thema viel zu wenig Beachtung zuteil wird.

Sämtliches Haarraubwild ist vorwiegend nachtaktiv und orientiert sich in erster Linie mit dem Geruchssinn (Nase!). Darauf aufbauend werden die Fanggeräte aufgestellt und Kirrplätze eingerichtet. Wer die Möglichkeit hat, z. B. einen Fuchs über eine größere Strecke zu beobachten, wird bald feststellen, dass er immer unter Wind läuft, das heißt, er ortet und sondiert sein Streifgebiet mit der Nase und ist sofort bestens informiert.

Sämtliches Haarraubwild markiert auch seinen Lebensraum mit Duftmarken. Dies wird regelmäßig wiederholt, um anderen Artgenossen zu signalisieren: „Dieses Territorium ist besetzt". Wird nun z. B. ein Marder, der einen Lebensraum markiert hatte (Besitzer), weggefangen, so verlieren seine Duftmarken an Intensität, was für einen reviersuchenden Wanderer heißt:„Dieser Platz ist frei!" Er wird die alten Duftmarken mit seinen eigenen markieren und dieses Territorium in Besitz nehmen!

Wie macht man das?

Welche Örtlichkeiten sind besonders zu beobachten?

Der Heimvorteil

Die Vorbereitungen

Allgemeine Jagd- und Fangstrategien

Aus Erfahrung weiß ich, wie enorm wichtig es ist, über allgemeine Fangstrategien gründlich Bescheid zu wissen, bevor man überhaupt irgendein Fanggerät in die Hand nimmt, sei es für den Lebend- oder Todfang, desgleichen beim Anlegen eines Luderplatzes. Sie gelten für jedes Revier, ob Ebene, Berg-, Wald- oder Mischrevier. Als Einstieg muss man beste Informationen über die Lebensgewohnheiten und Verhaltensweisen des jeweiligen Tieres, das man fangen oder beja-

Locker strukturierte Landschaften mit vielen Fangmöglichkeiten

gen will, einholen. Daher: Jede einschlägige Literatur lesen und studieren, wenn möglich von vielen verschiedenen Verfassern. Darüber hinaus Erfahrungswerte sammeln, die praxiserfahrene Jäger weitergeben.

Der nächste Schritt ist, das Gelesene und Gehörte in der Praxis im Revier zu überprüfen. Wenn man weiß, dass die meisten Erfahrungen auch für einen selbst und im Revier anwendbar sind, geht man unter folgendem Motto: „Man muss durch Fehler klug werden, aber wirklich klug ist der, der aus den Fehlern anderer schon klug wird!" zur Tat über.

Wie macht man das?

Ich nenne es immer Rollentausch, das heißt ich stelle mir die Frage: „Wo würde ich gehen und was würde ich machen, wenn ich der Fuchs wäre?" Dies ist auch für Marder oder sonstige zu fangende oder zu bejagende Raubwildarten gleichermaßen anzuwenden. Hat man dies eine Zeitlang intensiv geübt, staunt man geradezu, wenn man seine eigene Rolle draußen im Revier überprüft (siehe Abb. Seite 32 – man sieht mindestens 17 Fangmöglichkeiten).

Im Winter ist es ja anhand von Spuren relativ einfach, diese zu deuten, aber auch zu jeder anderen Zeit ist eine Deutung möglich, weil man stets Zeichen findet, z. B. eine Fuchs- oder Marderlosung, ausgegrabene Mausnester, Reste von kleineren Tieren, Eierschalenstücke oder ausgeleerte Eier, vom Dachs die bekannten trichterförmigen Dachsapporte. Dann bekommt man auch ein Auge für kleinste Veränderungen an solchen Stellen. Dadurch weiß man bald, welcher

Fuchslosung auf einem sogenannten Markierstein

Hier hat der Dachs seine „Visitenkarte" hinterlassen.

„Kamerad" wann und wie oft wo hinkommt oder nur durchwechselt. Es stellt sich heraus, dass es so manche Stelle im Revier gibt, die man stets sorgfältig begutachten muss, wenn man vorbeikommt. Hier gilt auch der Merksatz: „Raubwild und Raubzeug sind so lange nicht im Revier, als man sich nicht wirklich dafür interessiert!"

Welche Örtlichkeiten sind besonders zu beobachten?

Im Winter, wenn Schnee liegt (um ca. 0 °C), sind sämtliche Spuren und Fährten besonders scharf zu sehen. Bei tiefen Temperaturen mit Lockerschnee (Pulverschnee) ist es oft gar nicht ganz einfach, durch einen einzelnen Abdruck sicher anzusprechen, eher aus dem Gesamtbild der Spur und der Art der Bewegung. Da kann man auch daraus ersehen, ob der Fuchs z. B. etwas belauert oder gefangen hat, oder ob er nur durchgeschnürt ist. Auch der Marder gräbt oft gewaltige Mausburgen aus, oder er hüpft nur aus Freude an der Bewegung umher, besonders im Stangenholz oder in Jungkulturen, wo am Boden relativ wenig Schnee liegt. Waten im Schnee liebt kein Raubwild, nur wenn es unbedingt sein muss, etwa in strengen Wintern aus Hunger oder um Einstände zu wechseln.

Anlaufpunkt für Marder

Besonders gut erweist sich im Winter auch Harschschnee, auf den 1–2 cm Neuschnee gefallen ist. Auch windgepresster Schnee ist noch gut, denn auf tragendem Schnee bewegt sich das Raubwild besonders gerne kreuz und quer und ist bei solchen Wetterlagen in der Nacht besonders aktiv.

In den Jahreszeiten ohne Schnee ist es ebenso nicht schwierig, Raubwild zu bestätigen, besonders nach Regenwetter. Jede ausgetrocknete Pfütze im feinen Schlick, jedes feine Sandgeschiebe auf Feldwegen oder Schotterstraßen, jeder sandige und lehmige, weiche Platz wie auch jeder Ackerboden, generell, als Sturzacker oder geeggt und bebaut mit neuer Saat, zeugen davon. Auch die Reihen von Maisfeldern sind außerordentlich beachtenswert, da sich gerade im Sommer und Frühherbst jedes Raubwild besonders gerne hier herumtreibt, weil sehr gute Deckung sowie leise und trockene Fortbewegungsmöglichkeit gegeben sind. Außerdem besteht im Randbereich beste Beobachtungsmöglichkeit nach außen, während das Raubwild beste Deckung genießt – Voraussetzungen, die jeder Räuber liebt, der besonders erfolgreich sein möchte.

Auch im Wald sind nach Holzbringungsarbeiten im aufgerissenen, lockeren Waldboden Spuren und Fährten tadellos zu sehen und zu verfolgen.

Grundsätzlich bewegt sich Raubwild und Raubzeug dort, wo es trocken ist und es sich auch weitgehendst lautlos bewegen kann. Daher sind solche Stellen stets besonders genau unter die Lupe zu nehmen, wenn man im Revier sowie im befriedeten Bereich vorbeikommt. Nasses Umfeld und geräuschvoller Boden werden, wenn es nicht sein muss, gemieden.

Auch in Häusern und Gehöften mit angeschlossenem Stall und Scheunen ist Raubwild leicht zu bestätigen, am leichtesten auf staubbedecktem Material – ob Auto, Landmaschine, Gerümpel oder Balken der Scheune bzw. des Dachstuhls. Auch an Bretterrändern von Scheunen, wo der Marder oft einsteigt, sind seine Kratzspuren schnell zu entdecken, ebenso an Bäumen und Stauden in unmittelbarer Nähe von Gebäuderändern. Selbst an Ecken von Ziegelmauerwerk sind Kratzer leicht auszumachen, außerdem auch Schmutzspuren, die der Marder auf den Ziegelsteinen hinterlässt. Selbst auf Baumästen, die nahe an oder über ein Gebäude ragen, kann man Schmutzspuren entdecken, wenn man von oben daraufblicken kann. Selbst das Über-Kopf-Laufen und das Klettern auf einem Drahtgitter sind für den Marder einfach zu bewältigen.

Nebenbei erwähnt, ich habe so manches Raubwild schon in Volieren gehalten und auch ganz zahm gemacht. Auf diese Weise konnten wir stundenlang Bewegungsformen und Verhaltensweisen der Marder beobachten. Nur zwei Beispiele: Die Zugreifgeschwindigkeit eines Marders ist so ungemein schnell, dass man es sich kaum vorstellen kann. Einen umherschwirrenden Spatz aus der Luft aus ca. 1 m Entfernung heruntergeholt, und das ganz präzise und zielsicher, ist für den Marder keine Schwierigkeit. So bekommt man allmählich eine Vorstellung, wozu der Marder im Niederwildrevier fähig ist.

Wie kann man Raubwild- und Raubzeugspuren „künstlich" sichtbar machen und bestätigen?

Auf Wegen, Steigen, zwischen Gebäuden oder sonstigen beliebigen Stellen macht man einen Sandstreifen aus feinem 01er Sand, zwischen 50–100 cm breit, egal ob man Raubwild bestätigt hat oder bloß auf Verdacht. Man wird staunen, welche „Durchmarschierer" plötzlich ihre Spur hinterlassen. Mit einem Reisigast wischt man den Sand anschließend am einfachsten wieder glatt und hat stets die neuesten Spuren in beiden Richtungen. So weiß man rasch und sicher, was sich – wie oft – nach wohin bewegt. Dazu benötigt man meist nur 1–2 Eimer Sand, ca. 2 cm hoch gestreut. Ein geringer Aufwand, der sich jedoch enorm lohnt. Besonders interessant sind auch Weggabelungen, aber auch kleine Brücken und Stege über Gewässer sind sehr gute Plätze, da diese von Haus aus einen Zwangswechsel bilden.

Mit dem Platzieren des Sandstreifens kann jeder seine Fantasie voll spielen lassen, weil er ein ganz wichtiges Mittel aller Fangstrategien darstellt.

Wer sich ganz exakte Unterlagen schaffen will, schreibt sich jede Bewegung auf, Art des Tieres, Anzahl der Spuren, Datum und vermutete Uhrzeit. So entstehen über einen längeren Zeitraum doch recht genaue Übersichten eines Reviers, ohne dass man tatsächlich etwas gesehen hat. Es entwickeln sich Fangstrategien, die Erfolg bringen, ohne ein Fanggerät eingesetzt zu haben. Denn das kommt erst zum Schluss, wenn alle Vorarbeiten erledigt sind. Oberste Strategie ist, kurz gesagt: „Nichts dem Zufall überlassen!", obwohl er auch ein großer Helfer, aber auch Verhinderer sein kann.

Der Heimvorteil

Was versteht man darunter? Diesen Vorteil hat der jagende Landwirt und Grundbesitzer. Er weiß immer bereits vorher, wo was wann geschieht, und kann seine Strategien ganz genau darauf abstimmen. Überdies verfügt er meist über einen Misthaufen (Düngerhaufen) und die nötigen Transportmöglichkeiten. Er weiß, wann und wo ein Feld oder eine Wiese gedüngt oder ein Feld geackert wird. Dadurch verfügt er bereits über die optimalen Informationen, um Fangplätze anzulegen, auf denen man meist schnell erfolgreich ist. Auf eigenem Grund und Boden zu hantieren und zu fangen, ist mit nichts wett zu machen – gerade auch, was das Anlegen von Kirrungen und Luderplätzen betrifft, ist der Heimvorteil von großem Nutzen. Auch beim Bau einer winterfesten Fuchskanzel kann nur der Eigentümer oder der in der Nähe Wohnende den idealen Platz ausnützen. Ein Riesenvorteil besteht auch darin, dass der Landwirt ja seinen Arbeitsplatz in der freien Natur hat und schon bei der täglichen bäuerlichen Arbeit viele Beobachtungen nebenbei machen kann, die seinen Fangstrategien überaus dienlich sein können. Auch die übrige Familie macht Beobachtungen bei der Arbeit, über die im Familienkreis geredet wird, da meist alle Familienmitglieder einen Bezug zur Jagd haben.

Pflugfurchen als künstlicher Laufgang; wird sowohl im Winter als auch im Sommer besonders vom Fuchs gut angenommmen.

In den Genuss dieser Vorteile kann der nichtbäuerliche Jäger ohne Grundbesitz fast nie gänzlich kommen, selbst wenn er ein erstklassiges Einvernehmen mit den jeweiligen Grundbesitzern hat. Hiezu ein wohlgemeinter Ratschlag: Sooft es geht alle Grundbesitzer, besonders aber wieder Landwirte – und hier auch alle nichtjagenden – kontaktieren und mit ihnen Gespräche führen, denn gute Kontakte dienen immer einem guten jagdlichen Klima und man erfährt viele Beobachtungen positiver und negativer Natur, die man gleich oder auch später, bei der Fangjagd, sehr gut verwerten kann. So entdeckt ein Bauer etwa einen neuen Fuchsbau an einer Stelle, wo man selbst kaum hinkommt.

Bei einem guten Gesprächsklima werden dann eben auch ab und zu Vorfälle toleriert, die für den jeweiligen Grundbesitzer nicht selbstverständlich sind, z. B. der zufällige Fang einer Haushenne im Mardereisen. Wie gesagt: „Mit dem Reden kommen die Leute zusammen", und gleichzeitig erfolgt auf diese Weise auch so mancher jagdliche Informationsaustausch. Wie ich am Anfang schon erwähnt habe, bleibt die Fangjagd Vertrauenssache zwischen Umfeld und Jäger und daher immer ein Balanceakt, der nicht jedermanns Sache ist.

Die Vorbereitungen

Hat man das bisher Geschriebene sorgfältig beachtet, geht es nun um den Kernpunkt bei der Fangjagd überhaupt. Was muss man anstellen, um das Raubwild und Raubzeug punktgenau dorthin zu lenken, wo man es hinhaben will, nämlich zum Fanggerät oder Luderplatz? Ist Raubwild vorhanden und bestätigt, sind drei Maßnahmen bei den Vorbereitungen zum Fang zu treffen: Anwittern, Ankirren und das eigentliche Vorbereiten der Fangplätze, wo sich das Fanggerät tatsächlich befinden soll.

Das Anwittern

Das heißt, Raubwild und Raubzeug mittels Geruch oder Duft aus näherer und weiterer Umgebung in den Nahbereich des Luder- oder Fangplatzes zu locken.

Zu diesem Zweck hängt man, unter Beachtung der Hauptwindrichtung, einen Eimer, mit unauffälliger Farbe (am einfachsten ein schwarzer, billiger Maurereimer) getarnt, auf den Ast eines Baumes oder Strauches. In diesen gibt man allerlei Kleinzeug von Aufbruchteilen, Teile von überfahrenem Wild, sehr bewährt haben sich auch Fische. Man kann den Eimer abdecken oder auch nicht, wichtig ist, dass immer ein wenig Regen hineinkommen soll, damit der Inhalt nicht total austrocknet. Gut ist auch, wenn man mit einem Nagel oder einer Messerspitze ein winziges Loch in den Eimer macht, so dass ab und zu ein Tropfen des Inhalts zu Boden fällt. Man wird staunen, wer da alles nachschaut und herumscharrt, wo der Tropfen aufprallt. Besonders sichtbar machen kann man die Besucher wiederum mit einem Sandfleck von ca. 1 m^2. Kennt man erst seine Besucher, die regelmäßig kommen, legt man den Kirrplatz an.

Beim Anwittern ist unser wichtigster Helfer der Wind. Von den altbekannten Luderschächten mit Rohr bin ich schon lange abgekommen. Bei nasser Witterung steht schnell Wasser im Rohr und der Luderschacht wird daher fast wirkungslos, ebenso bei Frost. Unser Witterungseimer arbeitet bei Minusgraden noch lange, wenn man 1–2 Hände voll Salz hinein gibt. Außerdem liebt auch das Raubwild den Salzgeschmack. Selbst auf dem Boden, wo der Tropfen hinfällt, wird noch gescharrt, da er meist nicht gefroren ist.

Für einen schnellen Versuch auf einem neuen Platz, den man glaubt gefunden zu haben, hängt man einfach einen Aufbruch oder zerfahrenen Hasen in eine Astgabel und beobachtet, was sich am Boden darunter herumtreibt. Die Aufhänghöhe sollte immer so hoch sein, wie man selbst reichen kann (1,70–2 m). Je höher diese bemessen ist, desto weiter ist logischerweise die Wirkung des Geruches. Mit der Leiter zu arbeiten, wäre aber doch übertrieben. Es muss schließlich alles leicht und unauffällig zu beschicken sein.

Das Ankirren

Im Nahbereich, wo wir anwittern, wird 10–15 Schritte gegen den Wind (Hauptwindrichtung der Gegend) der Kirrplatz angelegt. Wo mit dem Schwanenhals gefangen wird, suchen wir in erster Linie einen leicht erhöhten Platz, nie eine Mulde, wegen des Wassers, das sich über dem Kirrbrocken sammeln kann. Ein 1 m^2 großer Platz wird mit einem Spaten mit kurzem Stiel ca. 10–15 cm tief gelockert. Ideal für die meisten Arbeiten ist auch ein vielseitig einsetzbares „Jägerbeil", wie ich es verwende. In den aufgelockerten Boden gräbt man anschließend 5–10 cm tief die Kirrbrocken ein.

Wichtig: Die Brocken müssen immer „mundgerecht" zerkleinert werden, d. h. „Gulaschbrockengröße" bzw. „Mausgröße" aufweisen oder kleiner – nie größer – sein. Ganz nach dem Motto: „Es macht Spaß, hier zu fressen, weil es so schnell geht!"

Ich möchte an dieser Stelle eine Tatsache einflechten, die vielen Jägern nicht bekannt ist: Fast alle Verhaltensformen des Raubwildes kann man auch an einem Hund studieren. Ich selbst führe 25 Jahre lang Deutsch-Kurzhaar und habe über meine Hunde schon viel gelernt. Ein Hund „schaut" ja auch in erster Linie mit der Nase. Lege ich neue Plätze an, sei es Anwitterung oder Kirrungen, gehe ich im nahen und weiteren Umfeld mit meinem Hund vorbei, mit gutem und weniger gutem Wind. Da sehe ich sogleich, auf welche Entfernungen meine Plätze vom Hund mit der Nase wahrgenommen werden. Dasselbe gilt auch für bereits eingebaute Fanggeräte, soweit die Köder für den Hund interessant sind. So ist der Hund eine einfache Rückversicherung, ob man seine Arbeit gut gemacht hat. Natürlich nie unmittelbar zum Fangplatz auf 1–2 m herangehen. Fängt sich ein Stück, hat mir mein Hund ebenfalls schon oft auf 20–50 m angezeigt: „Da ist etwas los."

Die Kirrplätze in lockerer Erde legt man hauptsächlich für den Fuchs an, sie werden aber vom Dachs genauso gerne angenommen, weitgehend auch vom Marder. Für letzteren gibt es aber auch noch viele andere Möglichkeiten, aber darauf wird später noch näher eingegangen.

Als Kirrbrocken eignet sich vielerlei: Teile von jeglichem Wild, Geflügel, aber auch Fische. Entscheidend ist immer, dass die Plätze regelmäßig beschickt werden und die Brocken klein sind. Wenn man sich die Mühe nimmt und das ganze Jahr über ankirrt, kann man auch an Plätzen gute Erfolge haben, die nach althergebrachten Erfahrungen eher ungeeignet sind. Aus Sicherheitsgründen bei der Fallenjagd ist es aber oft eine Notwendigkeit, dass man auf den zweitbesten oder gar drittbesten Platz ausweicht. Dies ist kein Grund zum Verzweifeln, nur muss man dann eben besonders eifrig sein, um Erfolg zu haben.

Das Anlegen der Fangplätze für Fuchs und Dachs gilt auch immer in hohem Maße für den Marder. Ich habe schon so manchen Marder und auch Iltis an einem eigentlich für den Fuchs eingerichteten Fangplatz gefangen. Also nicht zu einseitig denken.

Einige wichtige Regeln der Fangjagd

- Ganz wichtig ist das sichere und gekonnte Hantieren mit den Fanggeräten! Es dient der eigenen Sicherheit und dem Fangerfolg.
- Fangeisen für den Fuchsfang sollten immer mindestens 250–300 Gramm Auslösegewicht haben, d. h. der Fuchs muss den verblendeten Köder am Abzug des Fangeisens mit den Pranten freischarren können, ohne diesen auszulösen, denn sonst würde es zu gehäuften Prantenfängen kommen.
- Am sichersten fängt man über den losen Bügel, daher sollte in der Regel der gespannte Bügel verbaut werden.
- Fangeisen für den Marder werden mit einem ganz geringen Abzugwiderstand gestellt.
- Für den Fuchsfang auf dem Feld gilt die Regel: Je weiter weg vom Waldrand, mindestens 80–100 m, desto leichter gelingt der Fang.
- Am leichtesten ist der Fuchsfang im Wasser, dort kann auch ein Anfänger Füchse fangen.
- Wer regelmäßig kirrt, wird auch regelmäßig Raubwild am Kirrplatz haben.
- Wer Raubwild fangen will, muss im Revier viel zu Fuß unterwegs sein.
- Wer Geduld und Ausdauer bei der Fangjagd hat, bei dem wird sich auch der Erfolg einstellen.
- Gedankenlosigkeit – Faulheit – und Rohheit sind die größten Feinde der Fangjagd.

Die Abzugeisen

Das Mardereisen

Das ideale Fanggerät für den Marder ist das Abzugeisen. Man ist mit diesem Eisen äußerst mobil, d. h. man kann, wenn die Fangplätze vorbereitet sind und regelmäßig gekirrt wurde, rasch von einem Fangplatz zum anderen wechseln. Wichtig ist nur, dass man qualitativ hochwertige Fanggeräte verwendet. Schon beim Kauf ist auf eine starke Feder zu achten. Am besten ist, man stellt sich zu einem Tisch und steigt mit dem Fuß auf das Federauge, kann man die Feder

Mardereisen:
1 = Federsicherung
2 = Federauge
3 = Köderschüssel
4 = Stellschraube
5 = Bügelsicherung
6 = Stellzunge mit Bügelhalterung
7 = Feder (Federachse)

anstandslos niederdrücken, so sollte man die Finger von so einem Gerät lassen. Die Fa. Weißer aus dem Schwarzwald zum Beispiel liefert Mardereisen von höchster Qualität und einer Klemmkraft von ca. 290 Newton. Das ist auch die Garantie für rasches und sicheres Töten.
Solche Fanggeräte sind aber nur mit dem Fallenspanner zu spannen. Eine Selbstverständlichkeit ist, dass zwei Sicherungen vorhanden sind, nämlich die Feder- und die Bügelsicherung. Neben der Federkraft und den Sicherungen ist auch auf den Abzugmechanismus zu achten. Er sollte sich gerade beim Mardereisen fein einstellen lassen. Dazu ist eine Stellschraube angebracht, die so lange mit dem Schraubendreher gedreht wird, bis sie auslöst, sodann ein wenig zurückschrauben, und man hat die richtige Einstellung des Abzugwiderstandes. Desgleichen ist zu prüfen, ob die Köderschüssel nicht zuviel seitliches Spiel hat, damit sich vom Verblendmaterial nichts verklemmen kann und somit Fehlfänge vermieden werden.

Der Schwanenhals

Den Schwanenhals gibt es in drei Größen, und zwar den 46er, 56er und 70er. Das ist immer die Weite der geöffneten Bügel. Der 46-cm-Schwanenhals ist für Raubwild von der Größe Marder bis Fuchs geeignet. Der 56er ist für Fuchs und Dachs zu verwenden, ebenso der 70er.

Die Bügelspannweite entscheidet wesentlich über den Fangerfolg.

Wird ein Schwanenhals mit abmontierter Stellschiene geliefert, so ist beim Zusammenbau darauf zu achten, dass die Stellschiene von der Seite in die vorgesehene Halterung gesteckt wird, wo das Federauge eine Erhöhung aufweist. Die gegenüberliegende Seite hat eine Vertiefung und nimmt den losen Bügel auf. Auf der Stellschiene befindet sich auch der Auslöser, und zwar in Form einer Köderzange oder einer Auslösestange. Die Auslösestange hält mit einem Haken von hinten den Bügel und die Köderzange mit einem Schnäpper.

Beim Schwanenhals ist zu beachten, dass zwei Federsicherungen und eine Bügelsicherung vorhanden sind. Der starke Schwanenhals kann nur mit einem Fallenspanner gespannt werden. Beim Niederspannen des Bügels und Einlegen der Bügelsicherung stellt man sich immer hinter den niedergespannten Bügel, denn sollte das Eisen ausgelöst werden, springt es immer in Richtung loser Bügel, also vom Körper weg.

Der Umgang mit dem Schwanenhals sollte öfter geübt werden, damit man mit diesem Fanggerät richtig vertraut wird. Denn wer vor dieser Falle Angst hat, wird selten gut damit umgehen können.

Links oben: Schwanenhals mit Spanner

Rechts oben: Die Feder wird gespannt und gleich gesichert.

Links: Der Bügel wird niedergedrückt und gesichert.

Die Bejagung des Fuches

Der Fuchsfang im Wasser

In erster Linie sind Bäche, groß und klein, wasserführende Gräben, Waldquellen, aber auch Teichufer für den Fang im Wasser gut geeignet. Der Fangplatz im Wasser ist besonders für den Anfänger empfehlenswert, da hier viele Tücken wegfallen, die man sonst beachten muss.

Hauptvorteil im Wasser: Der Fuchs vermutet darin keine Gefahr. Überdies kann man auch fabrikneue Eisen sofort einsetzen, da durch das Wasser keine verdächtigen Düfte durchdringen. Man kann ohne Verblendmaterial arbeiten. Somit ist auch die Gefahr kleiner, dass sich etwas verklemmt, was die Funktionssicherheit stören könnte. Ausgenommen davon ist der Abzugbrocken, dieser muss sorgfältig verblendet sein, um Greifvögel zu schützen, aber auch, damit nicht andere unwillkommene Gäste, wie Krähen, Häher und Elstern, die Eisen zum Auslösen bringen.

Grundsätzlich sollte der Schwanenhals für den Fuchs nicht zu leicht auszulösen sein. Das gilt für alle Fangplätze.

Eine große Rolle spielen auch die Bauart und der Abzugmechanismus der einzelnen Fabrikate. Ob einstellbar oder Fixeinstellung – schon allein durch starke Rosteinwirkung auf die Abzugteile können

Perfekter Fang im Wasser

die Eisen viel zu leicht auslösen und im Extremfall sogar für den Fallensteller gefährlich werden. So weit sollte es aber nie kommen. Besonders zu beachten ist auch, dass nicht jedes Fabrikat über den losen Bügel und die Federachse fängt. Dies ist unbedingt im Trockentraining auszuprobieren, wenn man nicht ganz sicher ist. Es ist auch schon vorgekommen, dass Federn ausgetauscht und aus Unwissenheit wieder falsch eingebaut wurden. Sie sollten dies gleich beim Handwerker kontrollieren! Abschließend ist zu betonen, dass jeder Fangjäger nach Möglichkeit auch mit den rein technischen Feinheiten der Fanggeräte gut bis sehr gut vertraut sein sollte.

Das Anlegen der Fangplätze und das Legen des Schwanenhalses in verschiedenen Gewässern

In breiten Bächen (2–6 m etwa) sucht man einen Platz, wo auf einer Stelle am Ufer eine flache, schottrige Beschaffenheit unter Wasser gegeben ist. So hat man gleich eine harte Unterlage und zumindest das Material, um den Fangplatz optimal errichten zu können. Ein Riesenvorteil ist, wenn ca. 10 bis15 Schritte im Wind ein Wildwechsel über den Bach geht. Ein Wildwechsel in der Nähe eines Fangplatzes ist immer ideal, wo auch immer sich der Fangplatz im Revier befindet.

Schwanenhals – im Wasser gelegt

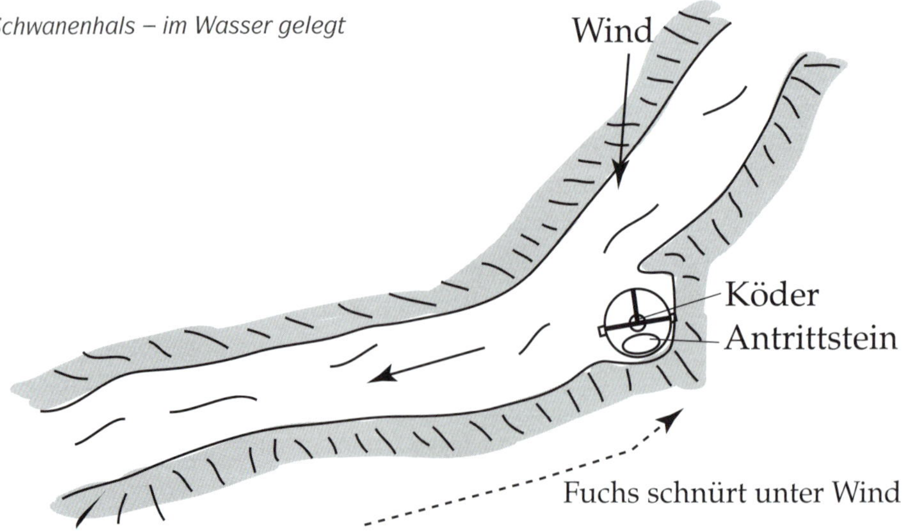

Um sicher über den losen Bügel zu fangen, legt man diesen zum Ufer. Klugerweise nicht ganz nahe, so dass vor dem losen Bügel im Wasser und zwischen dem losen Bügel und dem Abzugbrocken jeweils ein Antrittstein platziert werden kann. Antrittstein und verblendeter Abzugbrocken sollten ca. 3 cm aus dem Wasser ragen, mit dem Animierköder ca. 4–6 cm.

Was versteht man unter Animierköder?

Auf den gut verblendeten Abzugbrocken legt man einen gulaschbröckerlgroßen Köder und verblendet ihn ebenfalls sorgfältig. Zwei bis drei Bröckerl legt man verblendet am Ufer aus. Kommt der Fuchs vom Kirrplatz, der ja wie bereits erwähnt 10 bis 15 Schritt weit weg sein soll, durch den guten Wind zum eigentlichen Fangplatz, dann findet er die paar kleinen Bröckerl. Er nimmt sie auf, wittert auch jene im Wasser, steigt auf die Trittsteine, um sie zu erreichen, und nimmt ohne Argwohn den Animierköder vom Abzugbrocken auf. Er merkt natürlich, dass da noch etwas Gutes auf ihn wartet, und greift fast immer arglos zu. So hat man einen perfekten Fang. Diese Methode gilt für jeden Fangplatz (sowohl für Fuchs als auch Dachs).

Schwanenhals verblendet – auf dem Köder ein Moospolster

In Fließgewässern muss immer darauf geachtet werden, dass die Köderzange bergab gerichtet ist, damit die Strömung dagegen drückt und so der Köder nicht ausgehoben wird und das Eisen von selbst auslöst.

Die Köder im Wasser werden am einfachsten mit feuchtem Laub oder mit Moospolstern verblendet. Damit das Verblendmaterial nicht zu leicht verschwemmt wird, steckt man kleine Hölzchen um den Abzugbrocken, die nur wenig aus dem Wasser ragen sollen, um dem Verblendmaterial zusätzlichen Halt in der Strömung zu geben. Es ist aber auch in ruhigen Gewässern gut, wenn man sich diese Mühe macht.

Fängt man über die Federachse, legt man einen Trittstein zwischen dem Federauge und dem Ufer und den zweiten Stein in den losen Bügel. Auch so hat man einen perfekten Fang.

Die Drei-Punkt-Auflage

Auch im Wasser wird die Drei-Punkt-Auflage eingebaut. Diese Auflage besteht aus drei Steinen, je einer unter den Bügelscharnieren bzw. Federaugen und einer unter dem Mittelteil (Stell-

So wird das Fangeisen gelegt! Im losen Bügel der Anstrittsstein

schiene) des niedergespannten Bügels, dies sollte das Hochschnellen des Eisens bewirken. Man kann auch unter den losen Bügel einen Stein legen, damit das Eisen fest aufliegt und nicht schaukeln kann. Die Drei- bis Vier-Punkt-Auflage gilt für jeden Fangplatz. Mit der Unterlage regelt man auch, wie tief der Schwanenhals im Wasser liegen muss, damit der Abzugbrocken letztlich ca. 3 cm aus dem Wasser ragt.

Der Fang in kleinen Bächen und Gräben, die das ganze Jahr Wasser führen

Der ideale Platz in kleinen Bächen ist gerade so breit, dass man den 56 cm- oder 70 cm-Schwanenhals legen kann. Wenn dann das Wasser auch so seicht ist, dass das Eisen in Fangposition gerade unter Wasser kommt und es sich um einen Schotterboden mit schnell fließendem Wasser handelt, das beiderseits von flachen Ufern gesäumt wird, dann ist das der Fangplatz im Wasser, der jedem anderen überlegen ist – d. h. der Fangplatz schlechthin.

Ein tadelloser Fang

Ein großer Vorteil ist auch, wenn man in Bächen, besonders auch im Winter, zwischen 10 bis 15 m zum Fangplatz waten kann und auf diese Weise selbst kaum eine Witterung hinterlässt. Auch unliebsame menschliche Störenfriede werden somit durch Spuren nicht sogleich zum Fangplatz geleitet. Dies ist besonders wichtig, wenn das Fanggerät „besetzt" ist. Es sind schon genug Fanggeräte entwendet worden, mit oder ohne Inhalt. Ich glaube, da können die meisten Fangjäger ein trauriges Lied singen. So sind auch die vorgeschriebenen Warntafeln recht zweischneidig. Zum Schutz der Allgemeinheit gedacht, bewirken sie oft genau das Gegenteil, und so mancher Fangjäger hat trotz Gewissenhaftigkeit zur Kenntnis nehmen müssen, dass seine Fanggeräte zerstört oder gestohlen wurden. Solche Vorfälle müssen aber fast von jedem Fangjäger durchgestanden werden.

Wie legt man die verschiedenen Schwanenhalsfabrikate?

Ist beiderseits eines kleinen Baches flaches Ufer, legt man den Schwanenhals mit der Feder quer zur Flussrichtung, selbst wenn der Schwanenhals auch tadellos über den losen Bügel fangen würde. Wenn man im schmalen Bach eine Seite verbaut, um über den losen Bügel zu fangen, so vertut man eine Chance. Der Vorteil, dass das Raubwild von beiden Ufern richtig über das Eisen kommen kann, überwiegt bei weitem. Bei guten Fanggeräten mit starker Feder und angemessener Größe der Bügeldurchmesser spielt die Möglichkeit, über den losen Bügel fangen zu können, eine untergeordnete Rolle. Wenn ich den Altmeister der Fangkunst, Josef Koch, zitieren darf, so schreibt dieser überhaupt kein Wort vom Fang über den losen Bügel, weil diese Art der Bejagung, z. B. am Feld, im Großen und Ganzen belanglos ist.

In wasserführenden Gräben räumt man sich, wiederum an flacher Stelle, ein Fallenbett so aus, dass der Schwanenhals, aber auch die Trittsteine bequem Platz haben. Die Feder liegt quer zur Fließrichtung, das Drumherum ist wie bei den übrigen Fangplätzen zu handhaben.

Auch Entwässerungsgräben sollten keinesfalls außer Acht gelassen werden, besonders, wenn sonst keine Gewässer vorhanden sind. Bei solchen Gräben ist es meist möglich, bei einem Wildwechsel den Fangplatz anzulegen, um nur einen Vorteil zu nennen.

Ganz generell ist festzuhalten, dass jedes Raubwild mit Vorliebe entlang von Gewässern geht. Daher ist auch der Fang in Bächen und Gräben im reinen Waldrevier allen anderen Fangplätzen absolut vorzuziehen. Bäche und Gräben, die sich durch Dickungen im Wald winden, werden vor allem auch im Winter bevorzugt, weil das Raubwild um diese Jahreszeit am liebsten dort geht, wo am Boden der wenigste Schnee liegt.

Der Fuchsfang auf dem Feld

Insbesondere der Fuchsfang ist auf dem freien Feld recht erfolgreich zu betreiben. Die vorbereitenden Arbeiten sind bei allen Arten von Fangplätzen dieselben. Man sucht sich im Feld immer den höchsten Punkt. Auch wenn es scheinbar eben ist, liegt irgendein Punkt doch etwas höher, und wenn es nur 30 cm sind. Dieser erhöhte Punkt sollte aber immer mindestens 100 m von der nächsten Dickung oder vom Waldrand entfernt sein. Je weiter weg, desto besser, auch sollte sich der Platz nicht unbedingt nahe an einem Leitungsmasten befinden. Je freier die Sicht für den Fuchs, desto vertrauter ist er. Auf einer solchen Kuppe oder erhöhtem Punkt im Feld richtet man den Fangplatz im guten Gegenwind ein. Am Feld sollte das immer die Hauptwindrichtung sein. Der beste Platz ist dann immer zwei bis drei Meter neben einer Randfurche, denn der Fuchs geht auch im Feld stets in der bestmöglichen Deckung. Den Kirrplatz, wie beschrieben, richtet man am Feldrain ein, der nicht umgeackert wird. So kann man lange genug ankirren. Auch sollte man da, wo später die eigentliche Warntafel hinkommt, eine Tafel hinsetzen, damit für den Fuchs keine Änderungen entstehen, wenn der Schwanenhals fängisch gelegt wird.

Idealerweise legt man den Schwanenhals auf dem Feld unmittelbar nach dem Umackern, denn schon der Geruch frischer Erde zieht den Fuchs magisch an. Er weiß natürlich, dass beim Pflügen eine Menge Mäuse getötet und Mausnester ausgeackert werden. Mäuse laufen noch umher, da ihr gewohntes Umfeld total durcheinander gebracht ist. Auch viel Kleingetier kommt an die Oberfläche. So herrscht auf dem frisch gepflügten Feld die erste Nacht, aber auch noch die Tage danach großes Fressangebot.

Nun ebnet man am ausgewählten Fangplatz am einfachsten mit einem Eisenrechen drei Plätze in Hauptwindrichtung, die optisch gleich aussehen sollen. Am mittleren Platz legt man den Schwanenhals.

Der Fangplatz sollte immer leicht erhöht aussehen, was sich mit dem Abzugbrocken und dem Animierköder, beides gut verblendet, das heißt, mit drei bis vier Zentimeter Erde bedeckt, automatisch ergibt. Die beiden anderen Plätze sollten genauso aussehen wie der eigentliche Fangplatz – mit ein paar kleinen Köderbrocken gut verblendet. Der Fuchs, der sich fast immer unter Wind nähert, kommt zum ersten Platz, sucht die Köder und findet sie. Er sucht in der Richtung gegen den Wind weiter und kommt arglos zum Fangplatz. Er nimmt den Animierbrocken auch noch auf und greift ohne Misstrauen um den Abzugbrocken. So fängt man im Feld am sichersten. Die drei Plätze sollten je drei bis vier Meter auseinander liegen. Bei dieser Methode legt man den Schwanenhals stets so, dass der Fuchs über die Federachse kommt. Der Fang über den losen Bügel im Feld ist immer etwas problematisch, da man ja den niedergespannten Bügel irgendwie verbauen muss. Wenn man das nicht von längerer Hand machen kann, ist der Fuchs misstrauisch. Am Feld bringt jedoch der aktuelle Zustand stets die besten Erfolge. Wie immer nach einem Fang sofort wieder fängisch stellen. Wie man ja weiß, herrscht im Frühherbst reges Treiben auf den Feldern. Dies ist auch dem Fuchs hinlänglich bekannt und er ist daher auf dem freien Feld nicht besonders misstrauisch.

Ein Bilderbuchfang auf dem Feld über den losen Bügel

Details, auf die beim Legen des Schwanenhalses als auch der übrigen Abzugeisen in der Erde besonders zu achten ist:

Das Verwittern der Fanggeräte

Grundsatz: So wenig wie möglich Fremdgerüche am Fanggerät! Neue oder auch gebrauchte Eisen mindestens 14 Tage bis 3 Wochen in fließendes Wasser legen. Es können Eisen auch mit dem Dampfstrahler behandelt werden. Keine Fette (Körperfett – Schweiß), diese haften sehr lange und sie entgehen keiner Fuchsnase.

Wenn möglich, sollte man kein Fanggerät im Kofferraum oder geschlossenen Auto transportieren, denn ein Auto hat immer irgendwelche Düfte oder Gerüche, die der Fangjagd schaden. Ideal ist ein Autoanhänger oder ein Traktor mit kleiner Ladefläche oder überhaupt ein sogenannter „Pickup", wie ihn in Amerika jeder Farmer benutzt.

Muss man die Fanggeräte im Kofferraum transportieren, gibt man sie in einen sauberen Jutesack, der mit reinem Wasser gewaschen und in der frischen Luft getrocknet wurde. Den Jutesack kann man dann noch in einen sauberen Plastiksack stecken und verschnüren. Praktischerweise kann man den Jutesack in eine Plastikwanne legen, die man auch für den Wildtransport verwendet. Nur soll so eine Wanne nicht ständig im Auto stehen, ansonsten nimmt sie ebenso die Autogerüche an. Sicherheitshalber ist die Wanne immer gut mit reinem Wasser auszuspülen, bevor man einen Fanggerätetransport durchführt.

Gebrauchte ältere Fanggeräte stets in der frischen Luft aufbewahren oder in der Scheune ins Heu oder Stroh legen. Unsere Altväter haben schlicht alle Eisen in den Hühnerställen gelagert. Fanggeräte im Auto oder Kofferraum nicht länger als unbedingt notwendig lassen. Nicht tagelang spazierenfahren. Klugerweise bringt man seine Fanggeräte bei Beginn der Fangzeit schon beizeiten ins Revier und deponiert sie unter einem Reisighaufen oder im Laub gut getarnt, um sie gleich verwittert griffbereit zu haben. Auch ein Bach mit tieferem Wasser ist bestens geeignet. Wenn man dann ein Fanggerät tatsächlich legt, reibt man sich die Hände gut mit Erde, Laub, Nadelstreu oder Gras ab, um den menschlichen Geruch möglichst weitgehend zu neutralisieren. Das Eincremen der Hände mit Hautcreme oder gar eine Verwendung von Rasierwasser oder sonstigen intensiven Düften, wie Toiletteseife, ist vor dem Legen der Fanggeräte absolut zu vermeiden. Der gute Fangjäger darf ohnedies nicht allzu penibel bzw. heikel sein, wenn er wirklich erfolgreich sein will. Man kann natürlich schon Gummihandschuhe benutzen, die man dann sogar mit Dünger abreiben kann.

Das Legen des Fangeisens

Hat man den gut verwitterten Schwanenhals am Fangplatz, wird dann das Eisen gespannt. Die starken Federn sind mit Spannhebel oder Spannklammer niederzuspannen und mit allen Sicherungen zu sichern. Nun werden die Abzugbrocken befestigt. Als Universalköder ist der Feldhasenkopf unerreicht. Löffel in jedem Fall abschneiden und in die Augenhöhlen die Köderzange einhaken, so dass der Hasenkopf gut hält, aber dennoch beweglich ist. Daher schwenkt man den Hasenkopf ein paar Mal im eingehakten Zustand hin und her, so dass er sicher beweglich wird. Dann zieht man selbst nicht zu zaghaft an, ob er noch gut hält.

Hat man einen Schwanenhals mit Doppelabzug und Köderschüsserl, befestigt man den Hasenkopf mit Bindedraht. Den Draht fädelt man am einfachsten mit einer Nadel (am besten eine, wie sie der Fleischhauer zum Einfädeln der Schnüre ins Selchfleisch benutzt) durch den Hasenkopf. Diese Nadel ist auch selbst einfach herzustellen, und zwar aus einem 5–6 mm rostfreien Rundmaterial, ca. 20 cm lang. Dieses wird mit dem Hammer an einem Ende breitgehämmert, anschließend wird 2 cm vor dem zugespitzten Ende ein etwa 5 mm Loch gebohrt. Dann wird an beiden Enden mit der Schleifmaschine oder Feile angespitzt, damit auch ein Feilenheft aufgesetzt werden kann. So besitzt man ein erstklassiges Werkzeug, und es kann jede Art Köder mit Draht oder Schnur leicht aufgefädelt werden.

Ist der Abzugbrocken am Schwanenhals befestigt, gräbt man das Fallenbett aus. Man legt den Schwanenhals gleich auf die richtige Stelle, sticht an der Außenkontur aber ca. 5 cm breiter die Form des Eisens mit einer großen Spachtel oder einem Spaten ab, so dass das Fallenbett ca. 6–7 cm breit ist.

Wenn der Schwanenhals liegt, sollten beiderseits der Bügel, des Feder- oder Mittelteiles etwa zwei Finger breit frei sein. Unter den Bügelscharnieren und dem niedergespannten Bügel unter der Bügelsicherung wird dann so tief ausgegraben, dass man anschließend einen größeren Stein oder z. B. halben Mauerziegel leicht unterbringt. Mauerziegel oder Stein müssen aber so tief liegen, dass das gespannte beköderte Eisen, wenn man es hineinlegt, ca. 2 cm unter dem Niveau liegt. Nun nimmt man das Eisen heraus und unterlegt das Fallenbett mit Zwischenmaterial. Dazu nimmt man am besten getrockneten, fein zerriebenen Pferdemist oder feine Spreu aus der Scheune, die sich meist am Boden sammelt (Heublumen). Solange es nicht friert und einigermaßen trocken ist, müsste dies nicht unbedingt gemacht werden. Setzen aber Regenperioden ein, wird das Eisen von feiner Erde eingeschwemmt und saugt sich regelrecht fest. Auch die beweglichen Teile werden dadurch in ihrer Funktion stark eingeschränkt. Natürlich fällt so ein „eingetrocknetes" Eisen meist viel zu langsam, und Fehlfänge sind die Folge. Daher ist Zwischenmaterial zu legen, damit das Eisen mit der Erde erst gar nicht in Berührung kommt.

Liegt das Eisen auf dem Zwischenmaterial, wird es auch damit überstreut, und zwar immer ca. 2 cm dick. Das Deckmaterial wird fest mit der Hand angedrückt, damit keine Hohlräume bleiben. Über die beweglichen Teile, wie Bügelscharniere und Abzugmechanismus, legt man z. B. Mais- oder größere Laubblätter, etwa vom Ahorn, als zusätzlichen Nässeschutz darauf und gibt nur wenig Deckmaterial darüber, gerade so viel, dass die Blätter verdeckt sind. Dann kommt über das ganze Fallenbett feine Erde, die auch mit ein wenig Pferdemist oder Spreu vermischt sein kann. Auch die feine Erde noch einmal ans Eisen drücken, so dass man keinen Teil vom Eisen durchspürt, wenn man mit drei Fingern darüber tastet, so als wenn der Fuchs darauf herumsteigen würde.

Ist alles gut verblendet, Eisen, Abzugbrocken und Animierköder, streut man nochmals ganz leicht etwas feine Erde über den Fangplatz. Es ist aber darauf zu achten, dass die Bügelscharniere nur mit wenig Erde bedeckt sind (ca. 1 cm), aber diese Erde dafür sorgfältig angedrückt.

Die beiden anderen Plätze, wie beschrieben, gestaltet man optisch genauso, was Größe und Aussehen betrifft.

Entsichern nicht vergessen und die Sicherungen wieder mit einer Handvoll Erde oder Pferdemist sorgfältig verblenden.

Ein Hinweis, der für jeden Fangplatz gilt!

Bevor man weggeht, kurz in Ruhe überlegen, ob kein Fehler unterlaufen ist. Kein Werkzeug liegenlassen, auch nachschauen, ob man nicht zufällig etwas verloren hat, wie z. B. Patronen, Taschentuch, Kamm, Zigarettenschachtel etc.

Grundsätzlich sollten Fanggeräte immer morgens ausgelegt und gestellt werden, da die eigene Witterung ca. 3–8 Stunden hält und das Raubwild aus diesem Grund schon misstrauisch sein könnte.

Ich hänge grundsätzlich jedes Fanggerät mit einer Hundekette an. Am Eisen zuerst einen Drehring anbringen und an diesem die Kette befestigen. Als Verbindungsstück wird am einfachsten ein kleiner Schäkel mit M5-Gewinde verwendet, den es in jeder Eisenhandlung zu kaufen gibt. Zum Verankern im Feld oder auf einer sonstigen freien Fläche wird ein 50–60 cm angespitzter Betoneisenstab mit Drehring benutzt, an dem die Kette befestigt wird.

Wie stellt man einen Drehring einfach her? An dem Eisenstab schweißt man zwei ca. 10 cm lange Querteile aus 10 mm starkem Rundeisen. Ein Stück wird angeschweißt, dann einen Ring mit ca. 4 cm Innendurchmesser auffädeln (Ring aus ca. 6–8 mm Rundeisen) und mit ca. 2 cm Abstand den zweiten Querteil anschweißen, so dass der Ring zwischen den beiden Querteilen locker herumlaufen kann. An diesem Ring befestigt man die Kette. Entweder mit Schäkel oder beim Anfertigen des Ringes die Kette vor dem Zusammenschweißen des Ringes einfädeln. Hat man einen passenden Schäkel, kann man auch diesen um den Stab laufen lassen und nur den Bolzen durch die Kette fädeln und gut festziehen.

Beim Einschlagen auf dem Feld treibt man den Stab mit einem Beil oder einem Hammer 10 cm unter das Erdniveau und gräbt auch die 1–2 m lange Kette so tief ein. Dann wird das Erdreich festgetreten und leicht mit feiner Erde bestreut. Nun kann man den Fangplatz am besten gegen den Wind verlassen. Dann bleibt nur noch der Wunsch, dass der Fuchs nicht in der ersten Nacht kommt, damit die eigene Witterung total verflüchtigt ist.

Der Fuchsfang auf der Wiese

Man kann natürlich auch auf Wiesen sehr gute Fangplätze anlegen und Erfolg haben, vor allem, wenn weitum keine Felder vorhanden sind. Meist sind auch Wiesen keine einheitliche grüne Fläche wie ein Rasenteppich. Schon durch die Art der Nutzung sieht jede Wiese etwas anders aus. Oft ergeben sich auch durch Gräben, Hecken oder Feldraine, die anders bewachsen sind, Trennlinien bzw. ein bestimmtes Format einer Wiese.

Wie immer ist vorbereitend zuerst der Grundeigentümer aufzusuchen und das Einvernehmen mit ihm herzustellen, gleichzeitig sollte man sich nach den Arbeiten erkundigen, die auf der Wiese geplant sind oder tatsächlich anliegen, wie z. B. Mist (Dünger) ausbringen. Hat man dann vom Grundeigentümer „grünes Licht", sucht man eine erhöhte Stelle am Wiesenrand, die vom Waldrand weit genug entfernt liegt. Ähnlich wie auf dem Feld legt man den Schwanenhals auf einer Wiese stets am Wiesenrand ein paar Schritte seitlich in den Wind. Ideal ist eine frisch gedüngte Wiese, hier kann man sogar an zwei Wiesenecken diagonal mit zwei Eisen arbeiten, da der Fuchs eine solche Wiese systematisch absucht und die Erfolge in den ersten Nächten oft noch viel besser sind als auf dem Feld. Ein Riesenvorteil ist, wenn man genau weiß, wann und wo der Mist ausgebracht wird. Da legt man, wie beschrieben, schon vorher die Fallenbetten an.

In der Wiese kann man die genaue Kontur der Falle besonders gut herausstechen. Maße und Tiefe sind genau wie am Feld. Durch genaues Arbeiten beschädigt man auch die Grasnarbe nur wenig. Das ausgehobene Material trägt man am einfachsten mit einem Eimer etwas abseits an den Wiesenrand. Bis zum tatsächlichen Legen des Schwanenhalses füllt man das Fallenbett mit Zwischenmaterial, am besten auch hier wieder mit trockenem Pferdemist. Legt man die Eisen, dann holt man das Zwischenmaterial mit einer Spachtel heraus und kann es vorteilhafterweise gleich auf die anderen Imitationsplätze streuen. Zum Einbetten nimmt man frisches, trockenes Zwischenmaterial und geht genau wie am Feld beschrieben vor. Zuletzt streut man auch etwas feine Erde über den Fangplatz.

Die beiden anderen Plätze werden ebenfalls mit Erde und Mist so gestaltet, dass sie optisch gleich aussehen wie der Fangplatz. Frisch gedüngte Wiesen sind immer ein Ausnahmefall, z. B. einzelne Wiesen in Gebirgstälern oder Wiesen, die von Wald umgeben sind, sind besonders Erfolg versprechend, auch dann, wenn sich der Fangplatz nahe am Waldrand befindet.

Der Fangplatz auf Wiesen sollte in jeder Landschaftsform genützt werden, da hier die Fangchancen recht Erfolg versprechend sind.

Der Fuchsfang auf dem Misthaufen (Düngerhaufen)

Ein altbewährter Fangplatz ist ein Misthaufen – frisch oder auch schon länger in der Landschaft bestehend. Letzteren richtet man sich entsprechend her, und einen frischen legt man folgendermaßen an: wenn möglich, auch weit genug vom Waldrand entfernt, aber nicht unbedingt notwendig, denn der Misthaufen stellt in dieser Forderung eine Ausnahme dar.

Zuerst schlägt man einen massiven Pflock ein, an dem man danach die Kette des Schwanenhalses mit einem starken Nagel (150 mm) befestigt. Den Nagel ordentlich umbiegen und dann an den Pflock anklopfen, aber so, dass man den Nagel mit einem Beil wieder aufbiegen kann, um die Kette auszuhängen, wenn man das Eisen neu spannen muss.

Dann fährt man eine Fuhre Mist, idealerweise Pferdemist, mit Kipper oder Miststreuer hinaus und schüttet den Dung so auf, dass der höchste Punkt vom Haufen in der Hauptwindrichtung liegt. Die Höhe beträgt je nach Gesamtmenge 1–1,50 m. Vom höchsten Punkt wird die Fuhre nun 3–5 m auseinandergezogen, so dass der Haufen wie eine Sprungschanze mit Anlauf aussieht. Der höchste Punkt ist der Fangplatz. Dahinter sollte der Haufen möglichst steil abfallen. Die Kante sollte nicht allzu breit sein, etwas breiter als der liegende Schwanenhals (ca. 1 m). Ein Miststreuer leistet hier gute Dienste. Man lässt eine Menge Mist herunterlaufen (ca. 1–1,5 m hoch) und fährt mit dem Rest langsam vorwärts. So hat man gleich eine Rampe mit 5–6 m Länge. Der Misthaufen im flachen Bereich unten kann dann auch sehr gut als Kirrplatz verwendet werden. Auf dem Misthaufen benötigt man unbedingt eine harte Unterlage, entweder in Form einiger Ziegelsteine, die ausgelegt werden, oder zweier breiterer (ca. 20 cm) Bretter, die über Kreuz genagelt werden. Auf diese Bretter legt man den gespannten Schwanenhals und nagelt dann an den entsprechenden Stellen Stützklötze an, so dass das Eisen völlig wackelfrei liegt. Der Vorteil: diese Bretterunterlage kann Jahre verwendet werden und man hat mit einem Handgriff das richtige Hilfsmittel parat.

Am besten bringt man den Misthaufen oben mit einer Mistgabel (Forke) in die optimale Form. Von der flachsten Stelle am Boden zum Fangplatz hinauf legt man eine Art Laufmulde an, da der Fuchs selbst auf dem Dunghaufen gerne eine Deckung annimmt. Auf diese Weise dirigiert man ihn auch unauffällig zum Eisen.

Der große Vorteil eines Misthaufens liegt auch darin, dass man den Mist gleich als Einbett- und Verblendmaterial nehmen kann. Nur sollte man darauf achten, dass der Mist gut an die Metallteile angedrückt wird und auf den Scharnieren nur eine dünne Schicht liegt. Sonst gestaltet man alles wie am Feld. Man braucht jedoch keine Imitationsplätze, weil der ganze Misthaufen Kirr- und Fangplatz ist. Nur ein paar kleine Bissen zum Eisen hinauf werden, mit Mist verblendet, gelegt. Auch am Misthaufen kirrt man eine Weile an, bis der Fuchs genügend oft kommt. Den Fangplatz richtet man aber besser gleich ein, so braucht man nur den Schwanenhals legen, verblenden und befestigen. Natürlich sind auch Kette und Befestigungspflock ordentlich mit Mist zu bedecken. Der Misthaufen ist ein altbewährter Fangplatz. Leider haben aber nur wenige Fangjäger die Möglichkeit, damit zu arbeiten.

Der Fuchsfang im Wald

Das schwierigste Areal für den Fuchsfang ist der Wald. Wer alle anderen Methoden bereits voll ausgeschöpft hat und sich beim Fuchsfang im Wald versucht und auch dort brauchbare Erfolge hat, ist dann sozusagen der Meister aller Klassen.

Hat man ein Mischrevier, dann kommen die anderen Fangplätze immer zuerst vor dem Wald in Frage. Hat man hingegen ein reines Waldrevier, sind auch im tiefen Wald, falls überhaupt vorhanden, in erster Linie Fangplätze im Wasser einzurichten. Denn hier, sei es Bach, Quelle oder Tümpel, ist die Erfolgsaussicht im Wald noch immer weitaus besser als an Land in der Erde.

Die allgemeinen Strategien und das Anlegen der Fangplätze erfolgt immer auf dieselbe Weise. Im Wald ist, je nach Gelände, ganz besonders auf den Wind zu achten. Dieser kann kesseln, sich anstoßen und aus der Gegenrichtung zur eigentlichen Hauptwindrichtung kommen. Überdies spielen auch noch die allgemeine Großwetterlage, Tages- und Nachtzeit sowie die Jahreszeit eine Rolle. All diese Faktoren kommen im Wald wiederum besonders zum Tragen. Daher sind Mulden immer zu meiden, da der Wind darüber streicht. Hingegen sind im Gebirge und Bergwald Gräben, die weit von oben herunter kommen, wegen der guten Windverhältnisse stets vorteilhaft, da immer eine gewisse Sogwirkung gegeben ist und so Witterungen wirkungsvoll weit hinauf und hinunter getragen werden. Ideal ist es, wenn ein solcher Graben Wasser führt oder gar einen kleinen Wildbach. Den Fangplatz richtet man in der Nähe eines starken Wildwechsels oder auch Zwangswechsels ein, wie beschrieben (Wasser etwas aufstauen), und man hat so einen sehr guten Fangplatz im Bergwald. Zwangswechsel sind auch an Land am Berg mit Abstand die besten Plätze, um in der Nähe im passenden Wind einen Fangplatz zu installieren. Auch Brücken und Stege sollte man genauestens inspizieren, denn darunter oder in deren Umfeld kann man besonders erfolgreich fangen.

Der Fangplatz: Fuchs über den losen Bügel gefangen

In einem Wald, der gleichmäßig eben ist und überall gleich aussieht, ist es am schwierigsten, gute Fangplätze ausfindig zu machen und erfolgreich zu sein. Man sucht wieder einen starken Wechsel, wenn möglich auch wieder den höchsten Punkt. Hier im Wald kommt dem „Anwittern" und „Ankirren" eine ganz besondere Bedeutung zu. Da ist es fast unumgänglich, ganzjährig anzukirren.

Einen kleinen Vorteil hat aber auch der Wald: das allgemeine Fraßangebot ist viel knapper als anderswo. Es findet sich kein Fallwild durch Verkehr und auch keines durch Einwirkung von Mäh- oder anderen Landmaschinen. Vor allem gibt es kaum Veränderungen im Wald, auf die das Raubwild ja besonders misstrauisch reagiert. Daher muss gerade hier jede Aktion von ganz „langer Hand" durchgeführt werden, da der Gewöhnungseffekt in diesem Terrain recht lange dauert.

Findet aber ein Kirrplatz dann doch gute Annahme, wird der Schwanenhals wie beschrieben gelegt, das Zwischen- und Deckmaterial ist aber ganz trockene Nadelstreu. Gut ist es, die Nadelstreu beizeiten zu besorgen, in der Sonne zu trocknen und in einem sauberen Jutesack zu lagern. Nun legt man zuerst nur den Schwanenhals ohne Beköderung, damit sich der Fuchs an die Bodenverwundung gewöhnt. Besucht er den Kirrplatz bald wieder, dann kommt man am Morgen und beködert das Eisen wie gehabt. Auch die Imitationsplätze kann man im Wald gut anwenden. Es ist auch sehr empfehlenswert, den Schwanenhals bei großen Bäumen zwischen die Wurzeln zu legen, die gerade Platz für das Eisen bieten. So hat man gleich einen Zwangszugang und kann problemlos über den losen Bügel fangen, weil der Baumstamm den festen Bügel abschirmt. Fängt man über die Federachse, dann wird diese auf den Baumstamm gerichtet und der niedergespannte Bügel ist unauffällig mit Ästen an der Außenkante zu verbauen.

Im Wald ist der Schwanenhals niemals nur mit Laub zu verblenden, weil dieses durch den Wind sehr leicht verblasen wird und der Fuchs das Eisen fast immer fühlt, weil man das Laub nicht richtig andrücken kann, so dass es auch hält. Laub kann man gegebenenfalls über das eingebettete Eisen streuen, wenn das Umfeld allgemein passt. Das heißt, wenn Laubbäume in der Nähe sind. Trockenes Laub liebt das Raubwild aber nie besonders. Feuchtes Laub, das nicht mehr raschelt, ist hingegen nicht schlimm und kann schon verwendet werden.

Im Wald entschuldigt der Fuchs nicht den kleinsten Fehler.

Der Fuchsfang bei Frost und Schnee

Die Fangjagd im winterlichen Umfeld ist für viele Jäger verbunden mit frustrierenden Erfahrungen. Es gibt aber dennoch viele Möglichkeiten, seine Fanggeräte erfolgreich einzusetzen, auch wenn man bei extremem Frost unter –20° C zwischenzeitlich pausieren muss. Am schlechtesten sind allerdings stark wechselnde Wetterlagen zwischen Frost und feuchtem Wetter bzw.

Tauwetter. Strenges Winterwetter hat auch einen großen Vorteil: Das natürliche Fraßangebot wird drastisch weniger. Die Mäuse graben tief in den Boden wie auch alle anderen „Überwinterer". So gesehen werden Kirrungen besonders gut angenommen. Da die Gerüche durch Frost stark nachlassen, muss man die Kirrbrocken und auch die Abzugbrocken in erster Linie so präparieren, dass sie nicht gefrieren.

Dazu sind zwei wesentliche Behandlungen notwendig

1. Alle Köder mit Salz behandeln, und zwar nicht zu knapp. Auf ca. 1 kg Fleisch werden 3 Esslöffel Salz verwendet, also extrem pökeln.
2. Die kleinen Kirrbrocken stark mit Fett und Salz vermischen. Dazu nimmt man Schweine- oder noch besser Gänseschmalz. So entsteht eine Art Schmalzfleisch, nur stark gesalzen.

Salz und Fett sind die wichtigsten Zusätze, um winterliche Kirrungen herzustellen, die auch die Witterung halten und verbreiten. Weiches Fleisch, ob Wild, Geflügel, Fische oder auch Hundefutter aus der Dose, alles muss zusätzlich stark mit Salz und Fett versetzt werden. Überdies gibt es noch ganz spezielle Köder für den Winter: frische Grammeln (Grieben) von Schwein oder Gans, und zwar wiederum gesalzen. Auch stark gepökelter reiner Schweinespeck ist sehr zu empfehlen, ebenso geräucherter Aal, der ja von Natur aus sehr fett ist. Er eignet sich mit seiner starken Haut auch sehr gut zum Befestigen an einem Fanggerät. Daher ist auch beim Speck immer ein Stück mit Schwarte zu verwenden. Der Nachteil ist bloß, dass dieser Superköder ganz speziell von den Mäusen angenommen wird, daher muss man oft nachködern, weil das Eisen sonst leer ist. Das gilt auch für sonstige Fanggeräte.

Auf alte Rezepturen mit allerlei Gerüchen aus der Apotheke halte ich nicht viel. Es gibt auch recht erfolgreiche „süße" Köder, was man gar nicht glauben möchte. Dörrobst, wie z. B. getrocknete Pflaumen, Birnen, Zuckerfeigen, aber auch Schokolade eignet sich besonders gut zum Ködern. Das Dörrobst kann man noch zusätzlich in geschmolzene Butter, vermischt mit1–2 Esslöffel Honig und einigen Tropfen Anisöl, geben. So erhält man sehr wintertaugliche Kirrbrocken, besonders auch für den Marder, leider aber auch für die Mäuse. Ich hatte dieses Problem jahrelang. Bei den besten Wetterlagen mit grimmigem Frost waren die Mäuse fast immer schneller als der Marder oder Fuchs. Die Schraubgläser mit gelochtem Deckel waren schon recht brauchbar, aber heute verwende ich kleine Gitterbehälter, und zwar etwa so groß wie Zigarettenschachteln. Diese fertige ich aus ganz feinem, rostfreiem Material an, z. B. aus Maschengitter oder engem Geflecht, so dass auch keine Fliege oder kein Käfer hindurch kann. Eine Schmalseite ist zum Auf- und Zubiegen. Man kann auch eine Art Schachtel mit Deckel machen, dieser muss aber sehr gut dichten.

Die Gitterschachteln füllt man mit den besten Köstlichkeiten. Ihre Verwendung ist bei Lebendfangfallen besonders Erfolg versprechend. Man befestigt sie innen an der Oberseite einfach mit zwei gebogenen Nägeln als Vorreiber, bei Durchlauffallen aus Drahtgitter mit Bindedraht. Auch bei vielen anderen Fallen kann mit der jeweiligen Witterung in der Gittertasche ganz selektiv gefangen werden.

Auch Mäuse werden neugierig gemacht, ohne dass sie die Leckerbissen erreichen können, und wo stets Mäuse hinkommen, sind auch Fuchs und Marder leichter zu fangen. Die Maus ist gerade auch im Winter eine Hauptattraktion. Dies stellte ich mit Wieselfallen unter Beweis, die im tiefen Winter stets direkt unter der Fasanschütte standen und gute Fangstrecken ergaben, besonders weiße Hermeline, die ja sonst im Winter eher selten zu fangen sind.

60er-Schwanenhals im Wald in einer Wuzelgabelung gerichtet

Nachdem nun einige bewährte Hilfsmittel für die Fangjagd bei Frost und Schnee beschrieben wurden, möchte ich ganz besonders auf den Fuchsfang eingehen. Auf freiem Feld kann man nicht sehr lange fangen. Voraussetzung überhaupt ist ganz trockenes Zwischenmaterial um das Eisen, am besten staubtrockener, zerriebener Pferdemist. Dann kann man bei trockener Kälte und maximal 5–10 cm Schnee mit erstklassigen Fanggeräten tadellos fangen. Bei einigen Minusgraden und feuchtem Schnee gibt man das Feld auf und weicht auf den Misthaufen aus. Bei nicht zu grimmigen Minusgraden, so bis ca. –10° C, kann man durchgehend auf dem Misthaufen fangen. Auch hier ist wieder trockenes Zwischenmaterial zu verwenden. Wie bereits erwähnt, bleibt der höchste Punkt, wo das Eisen liegt, am längsten offen und somit frostfrei. Erst längere Frostperioden lassen den Dunghaufen erstarren. Ein großer und hoher Haufen taut aber auch schnell wieder auf, wenn es etwas milder wird.

Gleichzeitig hat man auch die Fangplätze in Fließgewässern in Betrieb. Bei Frost sind dabei stets jene Plätze auszusuchen, wo das Wasser schnell rinnt und stark in Bewegung ist, z. B. auf steinigem Grund. Hier kann man sehr lange fangen. Man beobachtet die Bäche ja über Jahre hinweg und weiß, wo sie auch bei starkem Frost offen bleiben.

Auf zugefrorenen Bächen läuft jedes Raubwild ganz besonders gern. Erstens, weil es schön glatt und eben ist, und zweitens, weil das Raubwild durch das Bachbett beste Deckung genießt und im Bedarfsfall doch gute Aussicht nach beiden Seiten hat. Daher sind einzelne Stellen, die lange oder gar nicht zufrieren, besonders gute Fangplätze. Zugefrorene Bäche sind auch sehr gut zum Schleppen geeignet, sofern das Eis trägt. In der Regel frieren Bäche erst gänzlich zu, wenn

Der Fuchs hat die Köderbrocken ausgegraben und die Stelle mit Losung markiert.

maden verzehrt. Gerade bei der heutigen Mobilität, wo Menschen überall hinkommen, gibt das Anlass zu vermeidbaren Beschwerden (auch ist auf das Veterinärgesetz zu achten!).

Wichtig ist trotzdem eine regelmäßige Beschickung des Kirrplatzes, am besten das ganze Jahr über.

Der Platz, wo man kirrt, muss leicht erreichbar sein, um wirklich regelmäßig „Häppchen" anbieten zu können. Bei der Gabe von Fleisch (Geflügel, Hasen, Wildbret, Dosenfutter und Fisch) immer kleine Stücke verwenden und alles vergraben (wie beim Kartoffelsetzen!). Je nach Bodenbeschaffenheit kann man auch mit dem Pirschstock Löcher (10–15 cm) machen, in die man dann die Kirrbrocken steckt. Auch Knochen (Rippen oder Hühnerknochen) haben ihre Wirkung. Ein weniger bekanntes Kirrmaterial ist reifes oder überreifes Obst. Je nach Jahreszeit eignen sich Erdbeeren, Kirschen, Birnen, Zwetschken, Äpfel – Hauptsache sie sind süß. Sie werden staunen, wie viele Liebhaber es für diese Sachen gibt. Auch der Marder wird regelmäßig zu Gast sein, hat er erst einmal den regelmäßig gedeckten Tisch entdeckt. Wussten Sie, dass Marder und auch Fuchs gerne Schokolade und süße Backwaren nehmen? Mit Rosinen auf dem Dach, welches der Marder regelmäßig besuchte, wurde er oft leichter zur Beute. Ein Bekannter fing einige Marder mit Nusstorte in der Prügelfalle. Sie sehen, was sich alles am Kirrplatz anwenden lässt, und es ist sicher auch noch möglich, neue Sachen auszuprobieren.

Beachten sollte man noch, dass Raubwild gerne aus der Deckung zum Kirrplatz kommt und versucht, diese rasch wieder zu erreichen, deshalb sollte mit dem Schießen nicht zu lange gewartet werden. Natürlich muss vorher sicher angesprochen werden!

Im Bergrevier wird erlegtes Schalenwild, wenn möglich, zum Aufbrechen immer an denselben Platz gebracht, oder zumindest die Aufbrüche, weil Raubwild diese Plätze regelmäßig besucht und somit leichter erlegt werden kann.

Kugel oder Schrot?

Aus Erfahrung weiß man, dass bei gutem Licht auch mit der Kugel gute Schüsse abgegeben werden, jedoch in der Nacht, bei schlechtem Licht, ist es sicher besser, Raubwild auf Schrotschussdistanz zu haben. Eine kombinierte Waffe ist von Vorteil. Ich habe mit meiner Blaser 5,6 x 50 Rmag. und 16er Schrotlauf mit 3,5 mm Schrot nie Probleme gehabt.

Wichtig ist auch das möglichst frühe Erkennen des heranschnürenden Fuchses, da man damit Zeit gewinnt, sich in Schussposition zu bringen. Ein gutes, leichtes Weitwinkelglas kann hier wertvolle Dienste leisten.

Zeitgewohnheiten der Füchse und Marder

Es ist erwiesen, dass Raubwild oft sehr regelmäßig in bestimmten Zeitabständen sein Revier durchstreift. Darum wäre es wichtig, alle Ankunftszeiten der Füchse und Marder zu notieren, so wird man bald feststellen, wann sie hauptsächlich ankommen, und kann sich danach seine Ansitzzeiten einteilen.

Vergrämt der Schuss anderes Raubwild?

In der Regel lassen sich alle Raubwildarten durch den Knall eines Schusses nicht abschrecken. Da sie einzeln auf Jagd gehen, ist ihnen der Schussknall meist unbekannt. Außer, ein Tier hat damit bereits einmal schlechte Erfahrung gemacht.

Was tun, wenn ein Stück Raubwild erlegt wurde?

Am besten ist es, das Stück noch liegenzulassen und sich ruhig zu verhalten. Sollte weiteres Raubwild am Kirrplatz auftauchen, so ist mit der Schussabgabe nicht lange zu warten. Man sollte eine etwaige Unsicherheit des Tieres rasch nützen.

Der Ansitz

Die folgenden Erfahrungswerte sind natürlich im Laufe der Jahre und einer Menge von Ansitznächten entstanden. Es ist auch die Lehre vieler gemachter Fehler, die oft leicht zu vermeiden gewesen wären, hätte man vorher darüber Bescheid gewusst. Ich möchte auch besonders auf das Wechselspiel zwischen Wetter und Erfolgschancen hinweisen, die für den Ansitz mit ausschlaggebend sind, aber auch die Fangjagd immer gegenüberstellen.

Heute besitzt fast jeder ein Fernsehgerät, so dass man sich rasch und einfach über die kurz bevorstehende Wetterlage, vor allem auch die Großwetterlage, informieren kann – ein Riesenvorteil, den unsere Altväter nicht hatten. Danach richten sich alle Aktivitäten für Ansitz und Fangjagd. Wird das Wetter wechselhaft, stürmisch mit Regen und Schnee und stockdunkel in der Nacht, dann sind das die typischen „Fuchsnächte", in denen der Fuchs besonders gern zu den Fangplätzen kommt. Zu diesem Zeitpunkt holt er sich gleich, was er ja sowieso längst ausgekundschaftet hat, und fängt sich entsprechend leicht. So verkriecht man sich selbst unter der warmen Decke und verlässt sich auf seine „heimlichen Wächter" im Revier, die ja 24 Stunden scharf sind. Die Erfolge nach solchen Fuchsnächten können sich sehen lassen, da kommt die Ansitzjagd kaum mit.

Jede Jagdart hat seine ganz speziellen Anhänger, aber für alle Gegenden über längere Zeit beobachtet, gilt folgende Erkenntnis, von der ich nicht abrücke: „Wenn man Füchse wirklich in

Idealer Ansitzplatz, im Vordergrund der Luderplatz

nennenswerten Stückzahlen zur Strecke bringen will, dann führt kein Weg am Schwanenhals vorbei!" Auch wenn es bisweilen mit anderen Methoden auch recht gute Erfolge gibt, so gelingt das doch immer nur auf relativ kleinem Raum. Ich weiß, dass diese Aussage unpopulär ist, weil der Zeitgeist dagegen steht. Aber die Natur spricht eine andere Sprache. Raubwild ist, da es nachtaktiv und sehr anpassungsfähig ist, schwer zu bejagen und wird von Nichtjägern meist gar nicht bemerkt und gesehen. Bedrohte, seltene Tiere und Nutzwild sind durch eine Unzahl von Negativeinflüssen (Beunruhigung durch die Freizeitgesellschaft, Autoverkehr etc.) in ihrem Lebensraum stark eingeschränkt und werden dort bei stärkerem Raubwildvorkommen weiter beunruhigt und dezimiert. Der Jäger kann aber nur den Faktor Raubwild beeinflussen.

Stehen bei einer Schneelage von 5–15 cm ruhige, windlaunige Nächte mit bewölktem Himmel bevor, dann kann kein eifriger Ansitzjäger zu Hause hinter dem Ofen sitzen bleiben. Mondschein ist gar nicht so ideal, wie allgemein angenommen. Denn wenn Schatten entstehen, ist der Fuchs gleich um vieles misstrauischer und geht nicht gerne auf Freiflächen und im Wald fast gar nicht. Wenn Wolken und Schnee bei Nacht reflektieren und ein gleichmäßig gutes Licht ohne Schatten ergeben, dann ist das die optimale Voraussetzung für eine erfolgreiche Ansitzjagd. Bei diesen Lichtverhältnissen bewegt sich der Fuchs sehr vertraut, der Wind muss natürlich für den Jäger immer gut sein. So hat man die Möglichkeit, mit durchschnittlich guter Optik mit der Kugel bis auf 80 m Weite sicher schießen zu können und auf Schrotschussdistanz immer.

Man muss aber natürlich alle mondhellen Nächte ausnützen, weil vor allem der Marder dann sehr gut zu bejagen ist, und zwar nicht nur von einer Kanzel aus, sondern auch an Gebäuden und sonstigen Unterschlupfmöglichkeiten, wo man ihn bestätigt hat. Aus Gebäuden kommt er meist recht bald nach Einbruch der Dunkelheit, meistens, wenn der Alltagslärm vorbei ist. Eine halbe bis eine Stunde dauert es in der Regel, bis er sich zeigt. Ansonsten zieht der Marder die ganze Nacht umher, und man braucht schon etwas Glück, um ihn von der Kanzel aus zu erlegen. Entscheidend ist immer, dass man viel draußen ist. Auch die allgemeine Wildbeobachtung ist dabei sehr aufschlussreich. Ich betone immer: „Wenn jemand wirklich wissen will, was in seinem Revier los ist, dann muss er auch in der Nacht draußen sein."

Beim Ansitz auf den Fuchs ist natürlich die zentrale Frage: „Zu welcher Zeit geht der Fuchs am ehesten?" Meine eigenen Erfahrungen, aber auch die vieler erfahrener Ansitzjäger und Berufsjäger, die ich gut kenne, besagen fast immer das gleiche. Die beste Zeit, in der der Fuchs hauptsächlich erlegt wird, ist im Spätherbst und Winter von 18–21 Uhr. Bis 23 Uhr ist auch noch brauchbar. Sonst eher später bis 4 Uhr morgens. Von 4–7 Uhr, wenn es hell wird, ist die Ansitzjagd auch noch recht erfolgreich. Gerade alte, kapitale Füchse erlegt man oft am Morgen, wenn das erste Grau zu sehen ist. Denn hat sich ein Fuchs draußen im Gelände etwas „vertrödelt", dann hat er es eilig, in Deckung zu kommen, und ist daher nicht ganz so vorsichtig wie sonst. Man muss aber immer das Hinterland in Betracht ziehen, von wo die Füchse herkommen, dadurch verschieben sich die Zeiten öfter etwas.

Ideal sind natürlich uralte Wechsel, die man kennt, oder gar Zwangswechsel im Gebirge oder Bergland. Grundsätzlich benützt das Raubwild Stellen, wo nicht viel Schnee liegt und es sich leise fortbewegen kann. Forstwege mit Wagenspur, zum Beispiel, mag der Fuchs besonders gerne. Sonst kann man leicht nachhelfen und mit dem Traktor im tiefen Schnee eine Spur ziehen. Hängt man dann noch eine Schleppe an den Traktor an und fährt in brauchbarer Schussentfernung an einer Kanzel vorbei, kann fast nichts mehr schiefgehen.

Sehr erfolgversprechend ist die Ranzzeit ab Anfang Januar, je nach Gegend und Höhenlage, weil sich der Fuchs dann oft die ganze Nacht herumtreibt.

Im tiefen Winter ist nach einigen stürmischen Tagen mit Schnee die erste darauffolgende Nacht am Erfolg versprechendsten. Ist der Schnee dann noch dazu windgepresst, wodurch jedes Wild getragen wird, dann sind dies die idealen Verhältnisse. Da laufen die Füchse kreuz und quer, so dass es eine wahre Freude ist. Ebenso ist Harsch mit 1–3 cm Neuschnee eine gute Voraussetzung. Auf Harsch alleine geht Raubwild nicht gerne, weil das „Nageln" weit zu hören ist und sich das Raubwild auf so einer harten Unterlage nicht wohl fühlt. Auf die Luderplätze geht der Fuchs in der Ranzzeit auch kaum, höchstens einmal zufällig schnell auf einen Bissen, denn von der „Liebe ganz alleine" kann auch der Fuchs nicht leben.

Aber die Kehrseite kommt so um den 20. Februar, mit Ende der Ranzzeit. Da holt sich der Fuchs jeden armseligen Kirrbrocken, den man selbst oft schon vergessen hat. Um diese Zeit ist ein Ansitz bei den Kirrplätzen besonders zu empfehlen.

Die Ansitzkanzel

Diese sollte winddicht sein und entsprechende Fenster haben, um Regen und Schnee vom Innenraum der Kanzel fernzuhalten. Innen wird mit lautdämpfendem Material austapeziert, und die Kanzel sollte so gebaut sein, dass man in einer dunklen Ecke, ohne eine Silhouette abzugeben, sitzen kann.

Die Kanzel ist von neutraler Stelle aus anzugehen, damit der Fuchs möglichst nicht die Spur kreuzt.

Beim Besteigen der Leiter ist stets der Frost aus der Kanzel zu schütteln, damit beim Ansitz nichts mehr knarrt, wenn man sich bewegen muss. Die Gewehrauflage sollte gepolstert sein. Das Dach der Kanzel sollte ca. 30 cm überstehen, dadurch ist Schutz vor schlechtem Wetter und zu hellem Licht gewährleistet. Ist dies nicht der Fall, wird mit einer Platte aus Holz verbreitert.

Eine gute Tarnung der Ansitzkanzel ist wichtig.

Der Sitz ist idealerweise ein Drehsessel, der aber absolut lautlos sein muss. Knarren kann man durch eine Einreibung mit Öl vermeiden. Zum Draufstellen der Füße hat sich ein Stück Schaumgummi bewährt, denn dieser hält vom Boden her warm und ist absolut lärmdämmend. Der Lauf des Gewehres ist sicherheitshalber mit einem schwarzen Wollstrumpf oder einer blickdichten Damenstrumpfhose zu überziehen, die mit Gummiringen fixiert werden.

Dinge, die man möglicherweise braucht, sind bereitzulegen, so dass man in der Finsternis alles erfassen kann, wie z. B. Munition, Taschentuch, Taschenlampe und, wenn dabei, auch eine Thermoskanne mit heißem Tee. Der Gewehrriemen ist kurz zu machen oder abzunehmen. Die Riemenbügel sind mit einem Gummiring gegen das Klappern zu sichern, und zwar einfach mit einem Fahrradschlauch. Das Fenster ist eventuell mit einer Gummilasche aus Förderbandgummi zum einfachen Umhängen auf zwei Nägeln zu versehen, damit man das Fenster verschließen kann, wenn einen der Wind auf der jeweiligen Seite anbläßt. Solche Umhängefenster sind aber mit einem Nagel als Vorreiber zu sichern.

Das Gewehr ist schussbereit, entsichert und gespannt zu lagern, damit man absolut lautlos in Anschlag gehen kann. Der Stecher ist nur zu verwenden, wenn der Fuchs ca. 70–80 m weit entfernt ist, besser ist es aber, den Stecher nicht zu verwenden. Schrotschussentfernung im Schussradius unauffällig mit Grashalmen oder kleinen Zweigen markieren, höchstens 45 Schritte = 35 m. Raubwild, besonders der Fuchs, wird niemals auf den Stich geschossen. Wenn möglich wird der Fuchs aufs Blatt oder leicht schräg von hinten geschossen, dies hat eine tödliche Wirkung mit Schrot und auch mit Kugel. Auf den Fuchs ist Schrot von 4 mm zu verwenden, mindestens aber 3,5 mm.

Man kann Patronen auf Durchschlag und Deckung auf 35 m ausprobieren. Man nimmt ein 1 m^2 großes Packpapier und dahinter 10 mm Sperrholz. Darauf ist der Fuchs in seiner Kerngröße zu zeichnen und zu beschießen, dabei ist die Deckung der Schrote zu überprüfen. Das 10-mm-Sperrholz muss von 3,5 mm oder 4 mm Schrot anstandslos durchschlagen werden. Ein guter Schrotlauf im Kaliber 16/70 sollte bei einem gezielten Schuss mit Vollchokelauf auf 35 m 12–16 Schrote in den Fuchs bringen.

Die wichtigsten Merksätze bei der Ansitzjagd (auch allgemein für die Jagd)

- Die Situation richtig einschätzen
- Einschätzung der eigenen Fähigkeiten
- Beste Vertrautheit mit der Waffe
- Die Wirkung der Waffen mit der jeweiligen Munition muss genau bekannt sein

Rund um den Luderplatz

Früher begrub man größere Tiere wie Reh, Sau oder Kalb unter einer Fuhre Mist, dann kam der Fuchs immer wieder zum Fraß, doch dies ist heute nicht mehr gestattet.

Markiersteine sind auf Schrotschussentfernung zu legen, sie werden schnell und gerne angenommen, denn beinahe jeder Fuchs begibt sich zu so einem Stein, z. B. neben der Forststraße oder einem Weg, wie man im Schnee immer wieder genau feststellen kann.

Hat man keinen Schnee, so sind, um den Fuchs gegen einen helleren Hintergrund besser zu sehen, als sogenanntes Kontrastmittel rund um das Luder zerkleinertes Stroh und feine Spreu vom Scheunenboden sowie helle Fichtensägespäne oder heller Sand zu streuen. Es sind aber immer mehrere Quadratmeter zu bestreuen. Dies ist natürlich rechtzeitig durchzuführen, und auch hier ist auf die 35 m-Schrotschussweite zu achten.

Mit Sägespänen „präparierter“ Luderplatz für den Ansitz ohne Schneelage

Das Anlegen des Luderplatzes

Zu diesem Zweck ist am besten ein Erdloch von 50 cm Tiefe mit Pferdemist zu verstampfen (wegen der Wärme), darin sind die Kirrbrocken zu vergraben (ca. 10–20 cm tief), da sie dort nicht leicht gefrieren und der Fuchs zusätzlich einige Zeit braucht, um sie auszugraben. Diese Zeit sollte man beim Ansitz nutzen, um in günstige Schussposition zu kommen. Das Ganze kann noch zusätzlich mit einer Stein- oder Eternitplatte abgedeckt und die ausgehobene Erde darauf gegeben werden. So muss der Fuchs noch länger graben, um an den Leckerbissen zu gelangen.

Ein anderer, sehr guter Luderplatz ist, einen Erdgraben von 1–2 m Länge und 30 cm Tiefe auszugraben und mit Nachdrusch und Getreide etwa 30 cm tief zu befüllen. Darüber legt man eine ca. 1 x 1,50 – 2 m große Welleternitplatte. Der ganze Platz sollte auf einem erhöhten Areal sein, wegen des Wasserablaufes und des guten Windes. Die ganze Eternitplatte bedeckt man mit so viel Mist, wie auf einer Traktorpalette Platz hat. Hier sollte man aber wegen der Wärmeentwicklung nicht sparen.

Vorausschauend macht man über dem Graben in die Welleternitplatte ein Loch, in das man ein Polykalrohr von 10 cm Durchmesser hineinsteckt, um immer bequem Getreide nachfüllen zu können.

Die Wellen der Platte werden mit Vorliebe von Mäusen angenommen. Es bietet sich Futter, warm ist es auch – ein ideales Plätzchen für Mäuse im Winter, es zieht aber auch den Fuchs sowie manch anderen Besucher, wie z. B. den Marder, magisch an.

Das Rohr deckt man mit einer Dose ab und gibt etwas Mist darauf. Durch dieses Rohr kann man natürlich jegliche anderen Köder hineinwerfen, die ihre Düfte aufsteigen lassen. Diese Art der Anlage hat den altbekannten Luderschacht bei weitem geschlagen, und zwar nicht nur, was die Wintertauglichkeit betrifft, sondern auch während des ganzen Jahres.

Lockinstrumente

Ideal sind Mauspfeiferl und Hasenklage in den verschiedensten Tonlagen, diese sind aber nicht zu oft einzusetzen, erst nach einer halben bis einer Stunde ruhigen Sitzens! Die Hasenklage sollte man überhaupt bloß alle zwei Stunden verwenden, und dann auch nicht zu lange und nicht in verschiedenen Tönen. Im Sommer ist auch der Kitzfiep und Kitz-Angstfiep geeignet, aber auch hier nur 1–2 Mal pro Ansitz verwenden, da entscheidet das Hinterland.

Beste Erfolge werden auch dem Vogelangstruf nachgesagt!

Optimale Ausrüstung

Bestens geeignet ist ein geräuschloser Ansitzsack und eine Pelzmütze mit Ohr- und Nackenschutz zum Herunterklappen gegen Wind und Zugluft. Weiters gehören Wollfäustlinge und eine warme Sitzunterlage, wie z. B. ein aufblasbares Luftkissen, leichtes, nicht eng sitzendes Schuhwerk und eventuell ein Taschenofen zur guten Ausrüstung für den Ansitz. Auch eine kleine Taschenlampe oder eine Handlampe sind unbedingt nötig sowie ein Rucksack mit Gummizügen zum Befestigen des Ansitzsackes und eine Thermoskanne mit heißem Tee. Auch eine Armband- oder Taschenuhr mit Leuchtziffern ist sehr vorteilhaft. Ein Pirschstock zum sicheren Gehen auf

Schnee und Eis in der Finsternis und eventuell Traubenzucker zum Fithalten für die lange Nacht sind ebenso von Vorteil. Wichtig ist auch eine Schnur zum Anbinden des erlegten Stückes. Das Mauspfeiferl ist an einer Schnur um den Hals zu tragen, um es immer griffbereit und lautlos zur Stelle zu haben. Der Pirschstock ist unter die Kanzel in den Schnee zu legen, da kalter Schnee die mögliche Eigenwitterung sehr gut neutralisiert.

Waffen und Optik

Die optimale Ausrüstung besteht aus einem Drilling mit Einstecklauf Hornet 22 oder besser noch ein Bockdrilling (z. B. Blaser), aber auch sonstige Waffen mit Zielfernrohr 6 x 42 bis 8 x 56 sind gut verwendbar. Als Ferngläser sind für den Nachtansitz 10 x 50, 9 x 63 und 8 x 56 sehr gut geeignet. Es ist auch gut, stets die große Kugel geladen zu haben, um eventuell anwechselndes Schwarzwild erlegen zu können.

Wichtige Punkte, die über Erfolg oder Misserfolg entscheiden können

Nähert sich ein Fuchs, so ist zunächst abzuwarten, was er macht. Dabei ist immer zu bedenken, dass er auch in absoluter Dunkelheit auf ca. 30 m immer noch scharf sieht. Dann ist das Gewehr langsam aufzunehmen, und zwar möglichst, wenn der Fuchs nicht hersieht oder gerade mit dem Luderplatz beschäftigt ist. Erst beim Auffahren ist das Gewehr in Richtung zu bringen und das Ziel über das Gewehr anzuschauen. Erst im letzten Moment ist durch das Zielfernrohr zu sehen, dabei wird der Atem angehalten und sofort geschossen oder gleich wieder abgesetzt, wenn sich die Lage ändert.

Zur Beachtung:

Das Anlaufen des Zielfernrohres unmittelbar vor dem Schuss ist die Hauptursache, dass Füchse und anderes Raubwild bei Kälte und Nacht nicht getroffen werden. Generell ist in der Nacht ganz ruhig zu sitzen, denn der Fuchs beobachtet oft lange aus seiner Deckung heraus.

Bei einem Drilling ohne Einstecklauf kann man eventuell im 1. Lauf 3 mm Schrot für den Marder laden. In der Ranzzeit ist es vorteilhaft, nach dem Schuss auf den Fuchs noch ca. zwei Stunden sitzen zu bleiben, denn es könnte eine Fähe sein, die man erlegt hat, und mit etwas Glück kommen dann auch noch die Rüden auf der Spur der Fähe nach, so dass man noch eine zweite gute Chance hat. Falls man eine Fähe erlegt hat, sollte man unbedingt die Blase am Ansitzplatz ganz ausstreifen und dort möglichst bald wieder ansitzen, da dadurch die Chancen in den nächsten Nächten um ein Vielfaches steigen.

Noch ein paar „Stolpersteine“, die zu beachten sind!

- Ideal ist ein Luderplatz, bei dem über einen Bach geschossen wird. Hier herrscht ein steter Wind- und Geräuschpegel.
- Ist eine Kanzel von Haus aus nicht sehr dicht, ist es gut, einen kleinen Handfeger im Rucksack mitzunehmen, um den angewehten Schnee schnell und leise entfernen zu können, ohne dass einem dabei die Finger gleich klamm und steif werden.
- Ganz wichtig: exakte Sitzposition, Höhe 45 cm, Lehne genau angepasst. Nur so kann man viele Stunden lang ganz ruhig sitzen und dadurch zum Erfolg kommen.
- Stark geölte Gewehre sind mit einem sauberen Lappen ganz trocken zu reiben.
- Das Gewehr beim Ansitzen nie über den Körper (Knien) halten, da sonst nach einiger Zeit die Optik anläuft.
- Unter der Jacke sind Pullover ohne Knöpfe zu tragen, damit das Fernglas in der Nacht nicht antickt.
- Letzteres ist stets am Körper zu tragen, da ein kaltes Fernglas am Gesicht sofort anläuft.
- Die Kanzel ist idealerweise so groß zu bauen, dass man mit dem Gewehr beim Herumfahren total im Dunkeln sitzen bleibt.
- Zum Verhängen nicht benötigter Fenster sind Kartonplatten oder Nadelfilzplatten von Vorteil, die man nur leicht verschieben muss, um schnell hinaussehen zu können.
- Ein Messer ist auch in der Nacht immer mitzuführen.
- Beschossenes Raubwild, welches man nicht liegen sieht, ist am nächsten Tag immer nachzusuchen.
- Tritt man in der Finsternis nicht tödlich getroffenes Raubwild hoch, so geht es oft über die Maßen weit oder nimmt gar noch einen Bau oder unzugänglichen Unterschlupf an und ist verloren.

Die Mäuseburg

Eine sehr zweckmäßige Einrichtung ist die Mäuseburg. Wird so eine Futterstelle für Mäuse in Schrotschussentfernung von einer Ansitzkanzel errichtet und unterhalten, dann gibt es so manche positive Überraschung. Jegliches Getier, das Mäuse liebt, wird diese Stelle häufig besuchen. Wer gerne Raubvögel beobachtet, der kann in unmittelbare Nähe sogar eine Jule (= Stange mit einem Querholz oben) aufstellen. Diese Aufblockhilfe wird von allen Tag- und Nachtgreifvögeln gerne benutzt. Füchse und Marder besuchen solche Stellen regelmäßig, sofern sie günstig liegen. Wichtig ist nur, dass immer wieder etwas Getreide nachgefüllt wird, damit die Mäuse ständig Futter finden.

Nun zur Erstellung einer solchen Burg. Man gräbt in einer Entfernung von 20–25 Metern von der Ansitzeinrichtung ein Loch von 40–70 cm Tiefe und 60–70 cm Durchmesser. Dieses Loch wird mit Steinen, Ziegeln oder grobem Bauschutt aufgefüllt. Darauf kommt ein abgeschnittenes Blech- oder Plastikfass (30–50 cm hoch), das innen mit Stroh ausgefüllt wird. Dazu mischt man etwas Getreide, um die Mäuse anzulocken. Wichtig ist, dass es innen stets trocken ist. Das ganze wird als Steinhaufen getarnt.

Mäuseburg – 20 m neben dem Ansitz

Mäuseburg

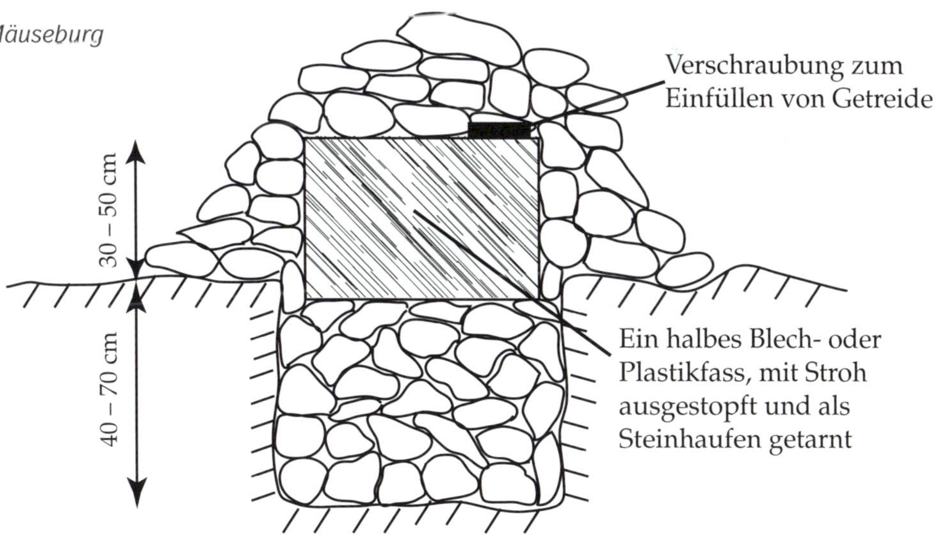

Der Ansitz am Bau

Eine günstig platzierte geschlossene Kanzel am Bau beschert oft herrlichen Anblick und zur gegebenen Zeit viel Weidmannsheil. Ich habe viele schöne Stunden am Bau verbracht und dabei Einblick in das Leben von Reineke und Grimbart erhalten. Wichtig ist, dass man sich der Ansitzgelegenheit gegen den Wind nähern kann, dass sie nicht weiter als 20–25 Meter vom Hauptbau entfernt steht und dass man sich möglichst geräuschlos in Position bringen kann. Natürlich hängt der Erfolg sehr stark vom Verhalten des Jägers ab. Wer nicht stillsitzen und sich bewegungslos verhalten kann, wird wenig Erfolg bei dieser Art, den Fuchs zu bejagen, haben. Bezogen wird die Kanzel noch vor Sonnenuntergang. Wenn Reineke zu Hause ist, erscheint er meist mit beginnender Dämmerung und schüttelt sich den Sand aus dem Balg. Spätestens jetzt muss man ihn im Visier haben, sonst ist es meist zu spät. Wenn man sitzt, achtet man immer auf alle Geräusche – oft haben mir die Vögel mit ihren Warnlauten den anschnürenden Fuchs verraten. Bewährt hat sich auch der Ansitz in den frühen Morgenstunden. Speziell in der Ranz sind Füchse oft noch bei bestem Tageslicht unterwegs, um beim Bau nachzusehen.

Die Lockjagd auf den Fuchs

Die Lockjagd auf den Fuchs kann überaus reizvoll und erfolgsträchtig sein, aber genauso nahe sind auch Misserfolg und Resignation. Um auf diesem Gebiet erfolgreich zu sein, ist es meines Erachtens wichtig, einmal gehörte Töne möglichst gleichartig wiederzugeben. Das heißt, hört man z. B. auf einer Treibjagd einen Hasen klagen, den gerade ein Hund abgefangen hat, so sollte man sich das gut einprägen, um die Klage möglichst naturgetreu wiedergeben zu können. Wer diese Möglichkeit nicht hat, der kann sich im Buchhandel Literatur und Tonband besorgen.

Hasenklage und Mäusepfeiferl – Eigenbau eines alten Jägers

Um die Hasenquäke richtig zu gebrauchen, ist sehr viel Übung nötig, natürlich nicht im Revier, sondern zu Hause, in der Kammer. Solche Lockinstrumente werden im Fachhandel meist im Set angeboten (Mauspfeifen und Hasenklage), wobei es bessere und schlechtere Instrumente gibt, man sollte probieren, mit welchen man am besten zurechtkommt.

Beherrscht man das Lockinstrument einigermaßen, so kann man es wagen, Reineke im Revier zu reizen. Der Anfänger hat nun das Problem: wo und wie? Dazu ist es aber notwendig, die Lebensweise und das Verhalten des Fuchses genau zu kennen. Auch seine Aufenthaltsorte sollten einem bekannt sein, um sich seiner untrüglichen Nase entziehen zu können. Hat nämlich der Fuchs „den Braten gerochen", das heißt, wenn er merkt, hier stimmt etwas nicht, wird er seine Lehren daraus ziehen und das nächste Mal sogleich die Flucht ergreifen.

Schon beim Gang ins Revier heißt es aufpassen. Setzt man sich an einen ungünstigen Ort oder auf eine Kanzel, ist es oberstes Gebot, sich die erste halbe Stunde ruhig zu verhalten. Ist man nahe einer Dickung, so ist es zuerst besser, mit dem „Mäuseln" (Mauspfeifen) zu beginnen. Ort und Zeit sollten auch zusammenpassen, das heißt, dass die Mäuse gegen Abend und in der Dämmerung aktiv werden und auch der Fuchs wieder Hunger verspürt. Überhaupt ist er mit dem Mauspfeifchen viel ruhiger und vertrauter anzulocken als mit der Hasenklage. Das „Mäuseln" ist mit den bekannten Plastikpfeifchen auch leicht und ohne viel Übung zu erlernen. Wer ein gutes Ohr hat und öfter längere Zeit an einem Ort, an dem es viele Mäuse gibt, verweilt, für den wird es sicher nicht schwer sein, wie die Mäuse zu zwitschern und zu pfeifen. In einer klaren und windstillen Winternacht sind diese Geräusche für den Fuchs bis ca. 100–150 m weit hörbar. Bekannt ist dabei sein Ortungssinn. Der Fuchs steuert fast auf den Meter genau den Ort der verlockenden Töne an.

Sitzt man auf einer Kanzel, so ist mit der Mauspfeife sparsam umzugehen, denn steuert der Fuchs die Kanzel an und man piepst weiter, könnte es sein, dass ihm das nicht geheuer vorkommt und er misstrauisch das Weite sucht.

Wenn man einen Fuchs in Anblick bekommt, ist stets zuerst die Waffe in Anschlag zu bringen und dann weiter zu locken, denn ist er einmal nahe heran, hat man nicht mehr viel Zeit, das Gewehr in Anschlag zu bringen. Überdies reagiert der Fuchs auf Bewegung sehr rasch, und man hat dann oft das Nachsehen.

Mit der Hasenklage ist im Revier eher sparsam umzugehen: Wenn der Fuchs in Anblick kommt, ist sofort damit aufzuhören und man sollte erst einmal beobachten, wie er sich verhält. Er wird immer versuchen, unter Wind an die verlockenden Töne heranzukommen. Da er ja mit Konkurrenz rechnet, wird er sich dementsprechend vorsichtig an den Ort des Geschehens heranpirschen. Nun darf der Jäger „nicht lange fackeln" und muss die erste sich bietende sichere Gelegenheit zum Schuss nützen.

Um die Hasenklage auf ihre Echtheit zu testen, sollte man an einem Ort, an dem im weiten Umfeld Hasen äsen, die Sterbensklage von Lampe ertönen lassen und auf deren Reaktion achten. Fahren die Hasen erschreckt durcheinander und machen Kegel oder kommen neugierig näher, dann ist die Hasenklage auch für den Fuchs glaubhaft.

Die Baujagd auf den Fuchs

Um die Baujagd auf Füchse ausüben zu können, bedarf es eines tüchtigen Bauhundes. Da schwören viele auf diese oder jene Rasse, wobei es bei fast allen Bauhunderassen gute und weniger gute Hunde gibt. Meist ist es aber nicht die Schuld des Hundes, sondern es liegt am Hundeführer. Es gibt diesbezüglich ein sehr treffendes Sprichwort: „Wie der Herr, so sein Hund!" Ich habe bereits eine Menge Herrn mit ihren Hunden gesehen, und beinahe immer stimmte der Ausspruch.

Ob man nun einen Terrier, Dackel oder einen anderen für die Baujagd geeigneten Hund verwendet, darüber ließe sich sicher streiten. Wichtig ist stets, dass Herr und Hund zusammenarbeiten und ein Gespann bilden. Eine solide Grundausbildung des Hundes bei einem Zuchtverein ist meist eine gute Gewähr, dass aus dem vierbeinigen Jagdkameraden auch ein tüchtiger„Fuchssprenger" wird. Man sollte jede Gelegenheit, die sich einem bietet, nützen, dass der Vierbeiner Erfahrungen sammeln kann, denn desto besser wird er dann. Findet man natürlich einen Lehrmeister, der einem aus Idealismus die Möglichkeit bietet, mit dem eigenen Bauhund unter seiner Anleitung zu arbeiten, so ist man anderen Anfängern um vieles voraus.

Ich hatte keinen Lehrmeister und erinnere mich noch allzu genau an die erste Bauarbeit mit meinem Dackel. Ich hatte einen befahrenen Bau gefunden und war überzeugt, dass Meister Reineke zu Hause sei. So verständigte ich meinen Freund, der auch ein passionierter Jäger war, und wir schlichen zu besagtem Fuchsbau. Da wir aus Gesprächen mit anderen Jägern wussten, dass man sich dem Bau ruhig und gegen den Wind zu nähern hat, bezogen wir auf eine passable Schussdistanz unsere Stände und schickten „Anka, die brave Dackeline" ins Gefecht. Diese zeigte sich auch gehorsam und passioniert und inspizierte brav alle elf Aus- oder Eingänge des Baues, ohne einzuschliefen. Enttäuscht redeten wir ihr gut zu und wollten sie überzeugen, dass hier ein übler Fuchs hause und sie ihn gefälligst da herausbefördern solle. Wir unsererseits würden ihm schon einen „heißen Empfang" bereiten. Aber alles Zureden half nichts, so verliehen wir unserem Reden etwas Nachdruck und schoben die arme Dackeline unsanft in den Bau. So, das wäre geschafft, dachten wir. Jetzt wird wohl der Fuchs kommen. Zwei Stunden standen wir und hörten und sahen nichts von Anka. Wir sahen sie schon in schwere Kämpfe verwickelt und dachten bereits an die schlimmsten Verletzungen, bis uns die Sache doch nicht mehr geheuer vorkam, und ich sah in eine Ausfahrt und traute meinen Augen nicht: lag doch im Halbdunkel der Röhre die liebe Dackeline und blickte mich treuherzig und unschuldsvoll an. Sie machte ein Gesicht, als wollte sie sagen: „Ich hab's euch ja gesagt, hier ist keiner zu Hause!" Fluchend über den „dummen" Hund, zogen wir heimwärts. So endete unsere erste Baujagd.

Inzwischen ist viel Zeit verstrichen, und ich habe mit meinen Bauhunden so manchen Fuchs in den Fuchshimmel geschickt. Eine der ersten Lehren, die ich aus dieser Begebenheit gezogen habe, war: Sei nie gescheiter als dein Hund!

Wenn man sich für einen Bauhund entschieden hat, so kann ich jedem nur raten, sich einem Klub oder Zuchtverein für Bauhunde anzuschließen, das ist eine solide Basis, auf der man aufbauen kann. Ebenso ist es von Vorteil, sich Fachliteratur zu besorgen. Auch ein Bauhund sollte in der Jugend schon viel Erfahrung sammeln können, denn das in der Jugend Erlernte vergisst er ein Leben lang nicht. Ganz wichtig ist auch, dass der Hund viel mit seinem Herrn beisammen sein kann. Für viele ist das ganz selbstverständlich, ich kenne aber Jäger, die einen Bauhund führen, den sie wie Werkzeug behandeln, das heißt, wenn sie den Hund brauchen, wird er aus dem Zwinger geholt und nach getaner Arbeit wieder in diesen zurückgeschickt. Ein solcher Jäger wird nie das Glücksgefühl erleben, mit einem vierbeinigen Jagdkameraden zu jagen.

Bei der Baujagd auf den Fuchs gibt es einiges zu beachten

- Die Baujagd ist keine Gesellschaftsjagd. Zwei bis vier gute Schützen genügen, je nach Größe des Baues und der Übersichtlichkeit des Geländes.
- Am Bau hat der Hundeführer das Sagen. Wer wo steht, wird außerhalb des Baues ausgemacht. In der Nähe des Baues herrscht absolute Ruhe.
- Dem Fuchsbau nähert man sich stets gegen den Wind.
- Nie zu nahe herangehen, höchstens auf halbe Schrotschussdistanz.
- Wer seinen Vorstehhund mitnehmen will, hält sich immer im Hintergrund.
- Kommt ein Fuchs in Anblick und er verhofft aus der Röhre, so ist absolute Regungslosigkeit angesagt. Durch In-Anschlag-Gehen mit der Waffe haben schon viele den Fuchs so vergrämt, dass er nicht mehr sprang. Der Hund hat das meist auszubaden.
- Ist ein Fuchs gesprungen und wurde er erlegt, so ist ruhig stehen zu bleiben, eventuell nachzuladen, bis der Bauhundeführer das Ende der Baujagd bekanntgibt.
- Ist ein Fuchs im Bau bestätigt und der Bauhund kann ihn aus irgendwelchen Gründen nicht sprengen, so hilft oft ein Trick: Man nehme den Bauhund an die Leine und verlasse laut sprechend das Baugelände (mindestens 100 m). Ein sicherer Schütze aber bleibt unter Wind mindestens eine halbe Stunde stehen. Häufig verlässt der Fuchs dann schon nach 10–15 Minuten den Bau, um nachzusehen.
- Hilft auch das nichts, so hat die Stößelfalle oft schon gute Dienste geleistet.
- Bei kleinen Bauen nie zwei Hunde gleichzeitig schliefen lassen!
- Nie auf den Röhrenbereich schießen!
- Nur was eindeutig angesprochen werden kann, wird auch beschossen!

Die Baue

Die Baue können in drei Gruppen eingeteilt werden: Lehm-, Sand- und Felsbaue. Bei Lehmbauen gibt es meist keine Schwierigkeiten. Anders verhält es sich schon bei den Sandbauen. Diese sind zwar oft sehr leicht zu graben, aber auch manche Hunde graben sich hinter dem Fuchs oder Dachs nach, was sehr böse für den Hund ausgehen kann. Gerade sehr passionierte Hunde sind da gefährdet. Immer hinter dem Raubwild her, graben sie die hinter ihnen liegende Ausfahrt regelrecht zu. Da der Hund dabei sehr erregt ist und meist anhaltend Laut gibt, kann es sein, dass es zu einem Sauerstoffmangel kommt und der Hund verendet. Oft sind diese Baue auch sehr umfangreich, weil es auch für Fuchs und Dachs einfach ist, sich neue Röhren zu graben. Will man aber bei einem festsitzenden Hund einen Einschlag machen, so kann es oft große Probleme geben. Das Material (Sand) ist zwar leicht zu graben, aber wohin damit, es rutscht und rieselt leicht. Ist man etwas tiefer drinnen und der Einschlag ist zu klein bemessen, kann es gefährlich werden. Die Größe eines Einschlages richtet sich je nachdem, wie tief hineingegraben werden muss. Bis zu einem halben Meter Tiefe sollte in der Größe von 50 x 150 cm quer zum vermuteten Verlauf der Röhre gegraben werden. Gräbt man bei Sand tiefer, so ist es unbedingt nötig, den Einschlag fachgerecht zu sichern (pölzen). Dass nach erfolgter Grabarbeit alles wieder zugeschüttet und in den ursprünglichen Zustand versetzt werden muss, ist wohl selbstverständlich. Wichtig: Die aufgegrabene Röhre wird mit Holzprügeln oder Brettern abgedeckt und dann erst zugeschüttet, denn der Bau sollte erhalten bleiben.

Bei Baujägern mit kurzläufigen Hunden sind die Steinbaue gefürchtet. Meist sind es Spalten und Löcher im Gestein, die Fuchs und Dachs benützen. Beide sind sehr geschickte Kletterer, die eine glatte Felsspalte in ihrer Höhle mit Leichtigkeit überwinden. Für einen Dackel kann dies leicht zu einer tödlichen Falle werden.

Dass Dachse auf Bäume klettern, ist wohl Jägerlatein, aber ich habe selbst erlebt, wie ein Dachs in einem hohlen Baum fast 3 m vom Boden am Ende des hohlen Stammes festsaß. Gefunden hat ihn der Jagdterrier eines Freundes bei einem Pirschgang. Er musste wohl Wind von Grimbart bekommen haben, denn er stand vor einem kleinen Loch am Fuße des Stammes einer ca. 80 cm starken Fichte und gab giftig Laut. Mein Freund konnte sich nicht erklären, was dies zu bedeuten hatte. Er erweiterte den Spalt am Fuße des Stammes, so dass „Bessie" schliefen konnte. Aber innen angekommen, versuchte der Hund den Stamm hochzuklettern, was jedoch nicht gelang. Selbst den Kopf hineinstecken und nachschauen, war ebenso nicht möglich. So verfiel der Freund auf den Gedanken, sich einen Spiegel sowie eine starke Taschenlampe zu holen, was er auch tat, und so lüftete er das Geheimnis des hohlen Baumes.

Dass bei der Baujagd auf den Fuchs auch die Kunstbaue nicht vergessen werden sollten, ist wohl klar. Viele Jäger haben schon Kunstbaue angelegt, mit sehr wechselhaftem Erfolg. Einige feierten große Erfolge, andere waren enttäuscht und hätten sich mehr erhofft.

Bei der Anlage von solch künstlichen Bauen ist einiges zu bedenken: In Feldrevieren, in denen ein Mangel an Unterschlupfen herrschte, hatten wir fast mit jeder Anlage Erfolg. Für die Röhren wurden 25er Betonrohre verwendet bei einer Mindestlänge von 10 m und einem Kessel von 80 x 80 cm. Der Kessel liegt immer etwas höher als die Einfahrtsröhre, die Ein- oder Ausfahrt sollte, wenn möglich, stets nach Osten oder Süden gerichtet sein. Um den Kunstbau für Füchse attraktiv zu machen, ist es von Vorteil, den Blaseninhalt eines erlegten Fuchses vor der Einfahrt zum Kunstbau zu entleeren. Will man in Waldgebieten Kunstbaue anlegen, so sollte man auf sogenannte „Notbaue" achten. In deren Nähe ist es von Vorteil, einen Kunstbau zu errichten. Beachten muss man auch die Entwicklung der Umgebung, denn wenn eine solche Anlage zuwächst, hat man kein Schussfeld und die Anlage ist wertlos geworden. Ein besonderes Augenmerk sollte im Revier auch den Straßendurchlässen und etwaigen Kanälen geschenkt werden. Viele Füchse kamen speziell in der Ranz zur Strecke, weil sie in diesen Verstecken Unterschlupf suchten.

Nicht vergessen sollte man Gebiete, in denen es noch Heustadel und Ställe gibt. Gerade in Bergrevieren im Alpenland und in Moorgebieten, in denen diese die Landschaft prägenden Baulichkeiten vorkommen, stellen sie für Fuchs und Dachs eine gerne bezogene Unterkunft dar. Nicht selten kommt es vor, dass Reineke in einem solchen Heustadel in mehreren Etagen haust.

Eine solche „Baujagd" ist mir wegen eines herrlichen Anblicks in lebhafter Erinnerung geblieben. Mein Freund hatte mich zu solch einer „Hüttenjagd" eingeladen. Meist ging immer alles sehr rasch. Wir stellten uns übers Eck (diagonal) vor der Heuhütte auf und ließen unsere Terrier hinein. Es dauerte nur kurze Zeit, und die braven Hunde gaben giftig Laut. Eine Weile war der Laut bald oben, bald unten zu hören. Nach etwa 10–15 Minuten war plötzlich nur mehr Standlaut zu hören, der unverändert anhielt. Da sich die Lage nicht änderte, rief ich meinem Freund zu, dass ich nachsehen würde. Als ich den Heustadel betrat, bot sich mir ein herrliches Bild. Auf dem Heuhaufen stand der Hund, und oben, auf einem vorspringenden Balken, lag der Fuchs in Down-Lage und schien auf den Hund herabzugrinsen. Es war ein wahrlich herrlicher Anblick. Ein reifer Winterbalg erinnert noch heute daran.

Die Bejagung der Jungfüchse

Zur Bejagung der Jungfüchse muss gesagt werden, dass dies bestimmt keine angenehme Aufgabe ist. In Revieren jedoch, die eine viel zu hohe Fuchspopulation aufweisen und dazu noch sehr schwer zu bejagen sind, ist es durchaus angebracht, bereits die Jungfüchse zu dezimieren. Dies kann von einer bereits im Herbst in der Nähe des Wurfbaues aufgestellten Kanzel aus erfolgen. Hier ist wiederum zu beachten, dass man sich der Ansitzkanzel und dem Bau immer gegen den Wind nähern kann, auch ein tadelloser Pirschsteig zur Ansitzeinrichtung ist nötig. Wichtig – am Bau sollte absolute Ruhe herrschen. Jedes unnötige Herumtrampeln vor den Ein- und Ausfahrten ist zu vermeiden, denn jede Störung kann die Altfähe übelnehmen und über Nacht zum Ausziehen veranlassen. Das heißt, sie verlässt den Bau samt ihren Jungen und zieht in einen ruhiger gelegenen um. Ansitzen kann man auch tagsüber, speziell wenn die Sonne auf die Spielplätze der Jungfüchse scheint. Legt man einige Male nur Beobachtungsansitze ein, weiß man bald die Geheckstärke und kann einen Teil durch Abschuss reduzieren oder aber das gesamte Geheck durch eine oder mehrere Welpenfangfallen fangen.

Eberswalder Jungfuchsfalle

Sehr gut bewährt hat sich der Fang von Jungfüchsen mit der Eberswalder Jungfuchsfalle. Es handelt sich dabei um einen Fangkorb von 1 m Länge, der sich leicht durch einen zweiten Korb verlängern lässt. Dadurch erzielt man ein Reusenprinzip, das heißt, der in der ersten Falle gefangene Welpe kann nicht mehr zurück in den Bau, so versucht er, in die andere Richtung davonzukommen, und öffnet dabei die Fangklappe des zweiten Fangkorbes, somit ist der erste Fangkorb wieder frei und der nächste Welpe kann nachrücken. Wichtig ist dabei, dass man in der Röhre keine Öffnungen seitlich und über dem Fangkorb frei lässt. Diese eventuellen Freiräume werden mit Steinen, Holz oder Gitter versperrt. Genauso wird mit den anderen Aus- oder Einfahrten verfahren. So werden die Welpen gezwungen, den Bau durch den Fangkorb zu verlassen. Dass nach der Fangaktion alle Röhren wieder freigelegt werden, ist wohl selbstverständlich. Der Teil des Fangkorbes, der im Freien steht, ist zu verblenden, da sich die gefangenen Jungfüchse viel ruhiger verhalten, wenn sie in Deckung sind.

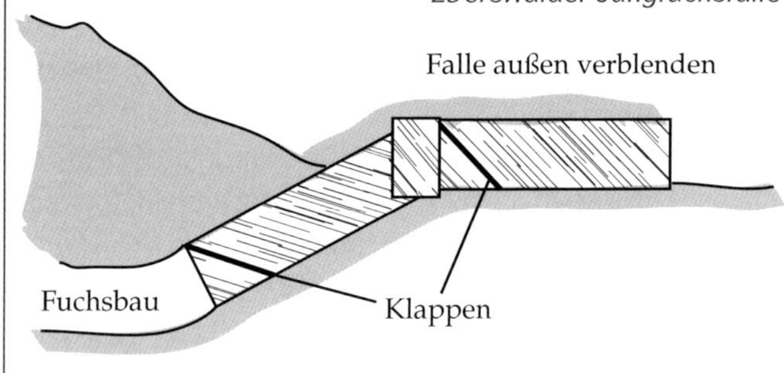

Eberswalder Jungfuchsfalle

Arenshorster Fangsystem

Auch das Arenshorster Fangsystem ist hervorragend für den Fang von Jungfüchsen geeignet. Allerdings ist einiges zu beachten und zwar: in einem Abstand von mindestens 50 m vom Bau werden im Wind zum Bau Beton- oder Kunststoffröhren mit ca. 1,50 m Länge eingegraben und mit dem Arenshorster Fangsystem versehen. In die Röhre kommen Teile von überfahrenem Wild (Hase, Fasan – rechtzeitig einfrieren!). Das Ende des Rohres wird mit einem Gitterdeckel versehen. Durchmesser der verwendeten Rohre: 20–25 cm.

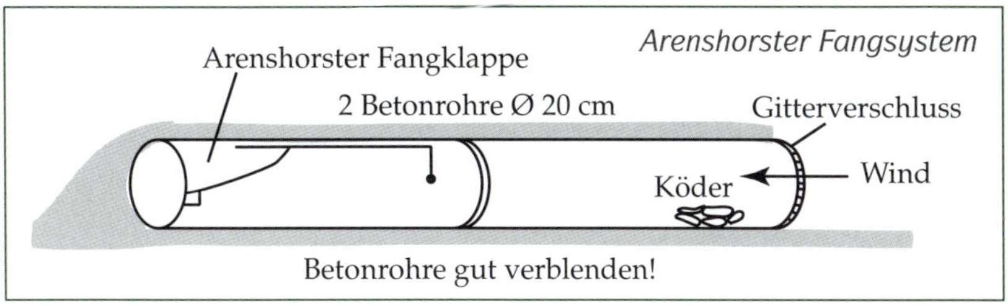

Welpenabfangfalle der Fa. Weißer

Auch diese hat sich bestens bewährt. Ihre Maße betragen 22 x 22 x 120 cm und sie besitzt zwei Fangklappen. Dieser Familienbetrieb aus dem Schwarzwald bietet auch noch als zweite Version das Modell Carius, mit einem doppelt so großen Fangraum als die herkömmlichen Modelle, an.

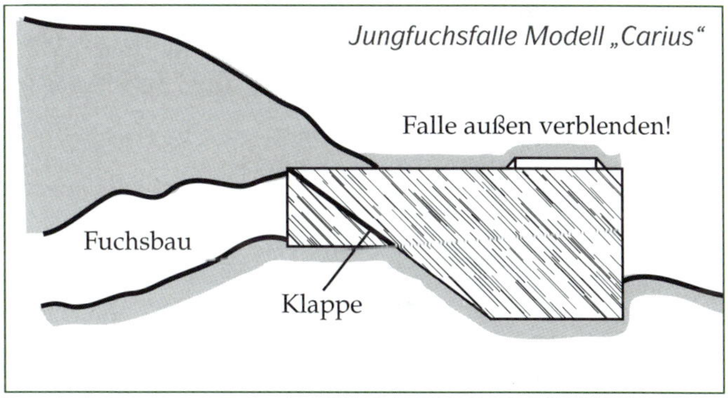

Noch eine Möglichkeit wäre der Einsatz eines raubwildscharfen Erdhundes, der die Jungfüchse unter Tage abtut und herauszieht. Das gelingt dann meist leicht, wenn die Fähe nicht steckt. Befindet sie sich aber auch im Bau, so kann es sein, dass der Hund schwer geschlagen wird. Das Graben der Jungfüchse bleibt dann meistens nicht erspart. Bevor man den Hund in den Bau lässt, sollte man sich aber das Ganze gut überlegen.

Dass eine solche „Bejagung" – nur bei sehr starkem Fuchsvorkommen durchgeführt – als notwendige Pflichterfüllung im Dienste der Tollwut- oder Räudebekämpfung sowie der Hege und nicht als befriedigendes Waidwerk zu betrachten ist, ist hoffentlich wohl jedem klar.

Jungfuchsfalle mit zwei Klappen

Jungfuchsfalle Modell „Carius"

Baujagd auf den Dachs

Der Fang des Dachses

Die Bejagung des Dachses

Wer eine Dachsburg in seinem Revier hat, verfügt über die besten Möglichkeiten, an dessen Schwarte zu kommen, da Grimbart seinen Bau meist das ganze Jahr bewohnt. Eine Ausnahme bildet die warme Jahreszeit, in der er öfter weit umherzieht und zwischendurch in sogenannten Notbauen den Tag verschläft, spätestens im Herbst aber kehrt er in seine Stammburg zurück. Um ihn dort zu bejagen, stellt man bereits im Frühling an einem passenden Platz eine Leiter mit einem bequemen Sitz auf. Sollten die Ausfahrten des Baues verwachsen sein, so hat man den ganzen Sommer über Zeit, sich mit Baumschere und kleiner Säge ein Schussfeld zu schaffen. Man sollte dies jedoch mit Gefühl betreiben, andernfalls könnte es sein, dass der Dachs in einen anderen Bau umzieht. Zur Ansitzleiter sollte man sich möglichst gegen den Wind und langsam pirschend bewegen. Dass der Steig zur Leiter sauber geputzt und frei von Hindernissen sein sollte, ist wohl selbstverständlich.

Bei einer stark befahrenen Burg erkennt man sehr genau die Pässe, die die Dachse benutzen, um zur Nahrungssuche meist in die Felder oder auf Viehweiden zu kommen. Gute Plätze für den Ansitz auf den Dachs sind auch in der Nähe liegende Maisfelder, die Grimbart regelmäßig besucht. Bekannt ist, dass er auch gerne in Obstgärten auftaucht, um dort süßes Obst zu fressen. Besonders große Anziehungskraft haben Zwetschken in einem Obstgarten – hat er diese einmal entdeckt, so ist er meist ein ständiger Gast. Das wiederum kann man sich auch bei einem Kirrplatz zunutze machen. Wichtig ist nur die regelmäßige Beschickung.

Oft habe ich den Dachs an Saukirrungen erlebt, wo er neben der abgedeckten Maiskirrung rasch ein Loch grub, um an den Mais zu kommen. Es war herrlich anzusehen, wie er in regelmäßigen Abständen aus seinem„Maiskeller" hervorkam, um die Lage zu erkunden.

Bei der Bejagung am Bau ist besonders darauf zu achten, den Dachs, wenn möglich, einige Schritte von der Ausfahrt entfernt mit 3,5 mm Schrot zu beschießen. Geschieht dies vor der Einfahrt, so ist er häufig noch in der Lage, in den Bau zu gelangen, wo er ohne Hund oder ohne zu graben meist nicht mehr zu bekommen ist.

Baujagd auf den Dachs

Sie gelingt in den seltensten Fällen. In den vielen Jahren, in denen ich die Baujagd ausübe, ist es mir erst einige Male gelungen, einen Dachs zum Springen zu veranlassen. Meist war dies im September in Felsbauten, die nicht ständig vom Dachs befahren waren. Überhaupt ist es problematisch, mit guten Bauhunden auf Grimbart zu jagen: Ist der Hund nämlich zu scharf, gibt es meist böse Verletzungen; hat er aber weniger Schärfe, so liegt er oft lange vor, und man steht sich die Füße in den Bauch. Deshalb arbeite ich meine Bauhunde nur auf den Fuchs ein, so haben sie bald „heraußen", dass der Dachs für sie nur Nebensache ist. Anders verhält es sich allerdings in Gebieten, in denen das Grundwasser hoch steht und die Baue meist sehr flach sind. Dort ist es dann nötig, dass der Bauhund immer hart am Dachs bleibt, um nach dem Verhören des Standlautes rasch einen Einschlag zu machen. Ist der Hund nämlich nicht scharf dran, so wird der Dachs versuchen, zu graben und so eine Barriere zu seinem Feind aufzubauen. Wichtig ist, dass immer ein Jäger schussbereit aufpasst, öfter ist es schon passiert, dass der Hund, wenn man nahe dran ist, immer schärfer wird und es dem Dachs zu bunt wird und er sein Heil in der Flucht sucht. Stellt er sich aber, so wird er mit kleinkalibriger Pistole oder einem Revolver durch Kopfschuss getötet.

Der Fang des Dachses

Der Dachs lässt sich zwar mit dem Schwanenhals überlisten, da aber das Stellen des Abzugeisens heute mit großen Gefahren verbunden ist und hier der Erfolg in keinem Verhältnis zu der Gefahr steht, ist es besser, auf andere Bejagungsmethoden auszuweichen. Ganz gute Erfolge konnten wir mit der großen Betonkastenfalle erzielen. Gekirrt wurde in die vorgesetzten 30er-Betonrohre mit Getreide und trockenem Katzenfutter. Fast in allen Revieren, wo Betonkastenfallen Verwendung fanden, wurden auch einige Dachse gefangen (siehe Seite 102). Je später im Jahr der Dachs zur Strecke gebracht wird, desto reifer ist seine Schwarte, allerdings wird es im fortgeschrittenen Jahr auch immer schwieriger, ihn zu bejagen. Jüngere Dachse haben meist besseres und längeres Haar als alte Stücke.

Betonkastenfalle fängisch, verlängert mit 30er-Rohren

Die Bejagung des Marders

Das Ausneuen – Ausklopfen und Sprengen mit dem Hund

Jedes Jahr wieder, wenn es eine gute Neue gibt, sind viele passionierte Jäger auf den Läufen, um im Bilderbuch der Natur zu lesen. Es ist immer wieder faszinierend und spannend zugleich. Wenn man über Jahre die Lebensgewohnheiten der Marder „studiert" hat, hat man große Vorteile, denn man weiß dann aus Erfahrung, wo Steinmarder gerne stecken. Diese Punkte werden als erstes einmal angelaufen und umschlagen. Ist der Marder einmal bestätigt, so hat man ihn schon „halb im Rucksack". Wohlgemerkt erst halb, denn wenn man weiß, wo er steckt, dann hat man erst die Hälfte. Bei uns in Oberösterreich gibt es Reviere, wo sich Pensionisten zu einer Gruppe zusammengeschlossen haben, die im Winter bei einer guten Neuen im ganzen genossenschaftlichen Jagdgebiet die Marder zuerst „ausneuen" und dann zu einer vorher bestimmten Zeit zusammenkommen, um „Kriegsrat" zu halten. Jeder gibt dort bekannt, wie viele Marder er „fest hat" und wie die Erfolgsaussichten sein könnten. Sind diese Fragen geklärt, dann wird mit zwei guten Hunden (Jagdterriern) losgefahren, um die einzelnen Marder zu sprengen. Mit diesen erfahrenen Hunden erzielten sie schon Tagesstrecken von bis zu acht Mardern.

Die Vorgangsweise dabei ist immer die gleiche: Steckt z. B. ein Marder in einem Schuppen oder Stadel, so werden leise gute Schützen so aufgestellt, dass sie sich gegenseitig nicht gefährden können. Dann werden die Hunde losgelassen, und diese suchen nun selbständig und mit Ruhe den Marder. Haben sie ihn gefunden, wird anhaltend Laut gegeben. Dies ist das Zeichen für den Hundeführer, den Hunden zu helfen. Entweder wird das Versteck beiseite geräumt, oder man fängt gleich kräftig zu lärmen an. Spätestens jetzt springt in der Regel der Marder, meist, wenn er noch die Möglichkeit hat, dort, wo er „eingefahren" ist.

Dass es auch öfter anders kommt als man denkt, liegt in der Natur der Sache. Ein Bekannter erzählte mir, er habe einen Marder im Bauernhaus, der mit keiner Falle zu fangen sei. Nun sollte ich ihm raten, wie er seiner doch habhaft werden könne, da der Marder immer genau bei einem Lüftungsschlitz des Heustadels aus- und einschlüpfe; und so sagte ich, er solle sich doch mit der Flinte in den nahen Obstgarten setzen, und zwar gut getarnt mit einem Schneehemd, und dort auf den Marder warten. Diesen Rat befolgte er auch genau, und bereits am nächsten Tag erzählte er mir, dass er den Marder zwar gesehen, aber viel zu lange geschaut habe. Dies werde er das nächste Mal besser machen und rascher zur Flinte greifen. Als in der folgenden Nacht relativ bald nach Einbruch der Dämmerung das vermeintliche Marderköpfchen wieder im Spalt des Lüftungsschlitzes auftauchte, fackelte der Mann nicht lange mit dem Schuss und freute sich, als er etwas aus dem Spalt fallen sah. Freudig hob er den „Marder" auf und musste feststellen, dass es sich um des Bauern Mieze handelte. Da er ein grundehrlicher Mensch war, ging er zum Bauern und beichtete die ganze Angelegenheit. Das gute Verhältnis, das er zu den Leuten hatte, kam ihm jetzt sehr zugute. Da sie aber noch mehrere Katzen hatten, war das ganze nicht so schlimm und wurde mit einer Flasche Wein wieder gutgemacht. Zwei Tage später schoss er dann den Marder wirklich und freute sich sehr, diesen nun doch überlistet zu haben.

Welche Leistungen Marder vollbringen können, habe ich immer wieder erlebt: So hat z. B. eine Edelmarderfähe in einem Fichtenhorst eine Fasanhenne gefangen und diese ca. 300 Meter über eine Wiese in den nächsten Wald getragen. Es hatte ca. 10 cm Schnee, und die Marderspur war gut zuhalten. Erst die letzten 50 m vor dem Wald hatte sie die Fasanhenne das erste Mal in den Schnee gelegt, was an den Abdrücken deutlich zu erkennen war. In den vorhergegangenen 250 m gab es nicht ein einziges Zeichen, das auf eine Beute im Fang des Marders hingedeutet hätte. Lediglich wie er die Fasanhenne das erste Mal niedergelegt hatte, blieben zwei Federn zurück. An diesen war eindeutig sein Beutetier zu bestimmen. Im nahen Altholz war dann die Fraßstelle mit einer Menge Federn und etwas Schweiß. Mit dem Rest seiner Mahlzeit nahm er eine starke Fichte an, ohne dass er weiter zu verfolgen gewesen wäre.

Bestimmte Häuser, in denen einmal Marder „gewohnt" haben, die dann gefangen oder geschossen wurden, werden immer wieder als frei gewordene „Wohnungen" von neuen Zuwanderern benützt, und man hat bald die Stellen heraus, wo sie meistens stecken.

Besonders gerne werden leerstehende alte Bauernhäuser besiedelt. Hat man guten Kontakt zu den Besitzern dieser Häuser, dann ist es eine feine Sache, wenn man auf dem leeren Heuboden eine Fuhre (einen Wagen voll) Strohballen locker aufschichten kann. Dieses Versteck nimmt der Steinmarder mit Vorliebe an. In diesen Strohballenstapeln ist er natürlich leicht zu finden und zu sprengen. Aus solch einer günstig gelegenen, wie wir sagen – „Marderburg" – lassen sich fast jeden Winter 3–5 Marder sprengen. Ganz wichtig dabei ist natürlich, dass man im Haus nichts beschädigt, und auch der Schuss auf den Marder sollte genau überlegt sein, denn mit einem Loch im Dach haben die Besitzer bestimmt keine Freude.

Vorteilhaft ist es auch, wenn das Gebäude groß ist (z. B. Vierkanthof), um an strategisch wichtigen Punkten Schützen oder zumindest Beobachter postieren zu können. Dies hat ohne viel Lärm zu geschehen; erst wenn alle ihre Posten bezogen haben, begibt sich der Hundeführer auf die Suche.

Oft ist es uns passiert, dass der Marder in einem doppelten Boden steckte und nach dem ersten Laut des Hundes am anderen Ende seine Behausung durch ein kleines Loch verließ und sich lautlos abstellte. Gerne geschieht dies auf dem First, denn dort findet ihn auch der beste Hund nicht mehr. Nur ein ruhiger Beobachter entdeckt dann den Marder, und er kann dann entweder erlegt oder aufs Neue getrieben werden.

Wichtig – der Schrotschuss auf den Marder ist nur mit einem kleinen Schrot (2,5 mm) zu machen, um die Gefährdung so gering wie möglich zu halten. Außerdem hat der Marder ein sehr kleines „Leben", und da benötigt man eine gute Deckung der Schrote.

Der Ansitz auf den Marder

Spannend und sehr reizvoll kann der Ansitz auf den Marder sein. Entweder man weiß, wo er steckt, oder man lockt ihn an einen Kirrplatz. Hält sich z. B. ein Marder ständig in einer Scheune oder in einem sonstigen Gebäude auf, dann muss man seine Wege auskundschaften (anhand der Kratzspuren, Schmutzspuren, Haare usw.). Kennt man seinen Weg, kann man ihn an einem passenden Platz ankirren, das heißt man streut einige kleine Leckerbissen (Schokolade, Rosinen, Dörrobst, Waffeln, Grammeln u. ä.). Dies hat den Sinn, dass der Marder, wenn er das Gebäude verlässt, diesen Kirrplatz aufsucht und dort seine gewohnten Leckerbissen sucht. Dadurch hat der Jäger etwas Zeit, um einen guten Schuss anzubringen. Wichtig – erst ist natürlich genau auf den Wind zu achten, bekommt der Marder nämlich Wind vom Ansitzenden, so kann dieser „anfrieren", denn der Marder hat längst an anderer Stelle seinen Weg genommen.

Oft sieht man auf Dächern Marderspuren im Schnee, dies ist der ideale Kirrplatz. Eine Handvoll gute Kirrung ausgestreut – und bald wird man sehen, dass sich Weißkehlchen alle Mühe

Ein guter Platz zum Marderkirren

gibt, all die Leckerbissen zu finden. Dies ist auch der Zeitpunkt, um bei gutem Licht (Mond!) und ebenso gutem Wind anzusitzen, entweder gut gedeckt oder im Schneehemd. Je nach Lage des Gebäudes ist spätestens mit Einbruch der Dämmerung anzusitzen, denn oft macht sich Weißkehlchen sehr bald auf seinen Weg. Dadurch, dass sich der Marder die Leckerbissen suchen muss, hält er sich länger auf und man hat genügend Zeit, ihn zu erlegen. Wiederum gilt es, mit kleinen Schroten auf den Marder zu schießen (wegen der Deckung und Beschädigung des Daches!). Hat man aber in der Nähe von Gebäuden keine Möglichkeit, so geht das ganze auch von einer Kanzel aus. Gute Plätze für das Aufstellen einer solchen Ansitzkanzel sind entlang eines Baches, an Hecken, besonders wenn sie eine Verbindung zum Wald oder zum nächsten Gebäude darstellen. Um Weißkehlchen wiederum an eine bestimmte Stelle zu locken, 20–25 m von der Ansitzgelegenheit entfernt, wird eine sogenannte Mäuseburg errichtet (siehe Seite 68). Zusätzlich kann man auch wieder die bekannten Leckerbissen ausstreuen, dadurch ist der Marder wieder einige Zeit mit dem Suchen beschäftigt, das bedeutet genügend Spielraum, um einen guten Schuss anzubringen.

Der Marderschlafkasten

Da sich der Steinmarder in den letzten 20–30 Jahren stark vermehrt hat, übt er immer mehr Druck auf seine Beutetiere aus. Problematisch wird es dort, wo noch seltene Tierarten ihren Lebensraum haben, aber auch in guten Niederwildrevieren ist es höchst an der Zeit, ihn zu bejagen. Es gibt zwar viele Möglichkeiten, ihn mit Fanggeräten zu überlisten, aber eine besonders reizvolle Art, ihm nachzustellen, ist der Marderschlafkasten. Ausgegangen ist man wohl von der Überlegung, dass der Marder im freien Gelände jede Gelegenheit ausnützt, wo er nur einen Unterschlupf findet. Dies wird ihm im Schlafkasten geboten. Dieser stellt eine Baumhöhle dar, mit der überlegten Konstruktion übt er einen besonderen Reiz auf den Marder aus. Aufgehängt wird die

Marderkiste im Waldrevier auf größeren Bäumen, die oft von Natur aus Hohlräume aufweisen. Hat ein Marder so eine gastliche Höhle entdeckt, wird sie auch meist bezogen.

Die Maße: 80–100 cm hoch, 25 x 30 cm Grundfläche; 5 cm unter dem Dach wird das Schlupfloch gemacht, Durchmesser: 8 cm.

Der Rest der Höhle wird mit Brettern unterteilt (siehe Abb. unten links). Der Boden der Kiste wird mit trockenem Laub befüllt. Aufgehängt wird das Ganze in ca. 5 m Höhe, mit dem Schlupfloch Richtung Süden. Hängt der Schlafkasten ca. 2–3 Monate auf einem Baum, kann man schon einmal einen Versuch starten und nachsehen, ob jemand zu Hause ist. Dabei wird mit einer Stange an die Kiste geklopft. Ist nun schon ein Marder eingezogen, so wird er den Kasten auf Grund des Lärmes fluchtartig verlassen. Aber nur keine Panik, denn nach einigen Fluchten verhofft der Marder und äugt neugierig zu Boden. Das ist der Augenblick, wo die Flinte sprechen sollte.

Marderschlafkasten; der Boden wird mit Laub ausgelegt.

In ca. 5 m Höhe montierter Marderschlafkasten

Dazu zwei Erfahrungen aus der Praxis:

Im Herbst (September) hatten wir vier solcher Schlafkästen in einem Augebiet an der Donau aufgehängt. Mein Freund, der in der Nähe eine Fasanschütte besitzt, probierte nach zwei Monaten, ob jemand im Schlafkasten zu Hause sei. Mit einem Stock schlug er kräftig auf den Stamm, auf dem der Kasten hing. Es dauerte nur wenige Sekunden, und ein Steinmarder fuhr aus dem Kasten und blieb einige Meter daneben, verstört nach dem Störenfried blickend, sitzen. Die Überraschung war auf beiden Seiten groß. Der Marder aber erfasste die Lage als erster und suchte sein Heil in der Flucht und ließ den verstörten Jäger zurück.

Bei einer Herbstjagd im selben Revier ereignete sich Folgendes: Als die Jäger sich an einer Wegkreuzung sammelten und einer der Weidkameraden den aufgehängten Schlafkasten entdeckte, kam bald eine rege Diskussion über den Sinn oder Unsinn eines solchen Kastens zustande. Das war für den darin schlafenden Marder nun doch zu viel, mit Gepolter fuhr er aus dem Kasten, lief den starken Ast entlang und ließ sich in das darunterliegende Gestrüpp fallen. Verdutzt blickten wohl an die 15 Jäger hinter dem Marder her. So hatten sich diese einfachen Schlafkästen innerhalb von drei Monaten bestens bewährt.

Zu sagen wäre noch, dass bei einer unregelmäßigen Kontrolle der Schlafkästen auch keine Marder zur Strecke kommen!

Der Marderfang mit dem Mardereisen

Die erfolgreichste Art, den Steinmarder zu fangen, ist sicher jene mit dem Hühnerei und dem Mardereisen. Einer, der dies praktizierte und als Könner auf diesem Gebiet weit im deutschsprachigen Raum bekannt ist, ist Wolfram Osgyan aus Roth in Bayern. Er war meines Wissens einer der ersten, der mit dem Mardereisen und vielen Hühnereiern in einer Fangsaison zwischen 25 und 30 Marder zur Strecke brachte. Dass dies nur mit Fleiß und Ausdauer gelingt, ist wohl selbstverständlich.

Um im November, wenn der Balg reif ist, mit dem Fang beginnen zu können, ist es nötig, spätestens im August/September mit dem Ankirren zu beginnen. Bei vermeintlich guten Fangplätzen werden Eier ausgelegt, anfangs mindestens zweimal in der Woche kontrolliert, und wenn die Eier genommen wurden, wieder erneuert. Wird dies mit Ausdauer betrieben, weiß man erstens, wo der Marder läuft (oder sonstige Eierliebhaber), zweitens wird er regelmäßig die bequeme Nahrungsquelle besuchen und, drittens, besitzt er, wenn man ihn fängt, einen Balg, der aufgrund seiner guten Ernährung von bester Qualität ist. Sobald der Kirrplatz regelmäßig angenommen wird, werden die Vorbereitungen für den späteren Fangplatz aufgenommen. Dass heißt, es wird ein Fallenbett ausgehoben oder lockeres Material aufgeschüttet und wieder fest angedrückt. Dieses Material dient später zur Aufnahme des Fangeisens. Wichtig ist, dass jedes Mal, wenn ein neues Kirrei ausgelegt wird, vorher das Verblendmaterial mit der Hand aufgelockert und wieder angedrückt wird, so dass der Boden immer fest ist. Nach dieser Veränderung am Kirrplatz ist der Marder manchmal vergrämt, dann dauert es meist einige Zeit, bis er wieder sein Ei holt.

Mardereisen mit Köderei, gespannt und gesichert

Viele Jäger haben Eier ausgelegt und, nachdem diese regelmäßig angenommen wurden, sofort das Mardereisen gelegt, mit dem Erfolg, dass der Marder von diesem Zeitpunkt an das Köderei mied. Erst durch das regelmäßige Auflockern und wieder Andrücken des Verblendmaterials gewöhnt sich der Eierliebhaber an den immer wieder frischen Erdgeruch, und so lässt sich dann das Fangeisen jederzeit einbauen.

Der Einbau des Mardereisens

Ist nun die Zeit gekommen, wo man den Marder fangen will, so wird auf dem vorbereiteten Fangplatz das ganze Verblendmaterial aus dem Fallenbett herausgenommen. In Letzteres kommt nun das gespannte, gesicherte Fangeisen. Zu achten ist auf einen festen Untergrund, gegebenenfalls werden unter die Feder und den niedergespannten Bügel Steinplatten oder Holzstücke untergelegt. Die Kraft der Feder darf nicht in den Boden wirken, sondern sie soll das Eisen zum Springen bringen. Liegt nun das Mardereisen fest und ohne zu wackeln im Fallenbett, so wird das Köderei auf dem Köderschüsserl (Abzug) angebunden. Anschließend

Ein perfekter Fang

wird das ganze Verblendmaterial, das zuvor aus dem Fallenbett genommen wurde, wieder in dieses zurückgegeben und fest angedrückt. Das Fangeisen wird noch ca. 2 cm mit Verblendmaterial überdeckt. Beim Festdrücken mit der Hand darf vom Eisen nichts zu spüren sein. Nur das angebundene Fangei liegt auf dem Verblendmaterial. Dieser Vorgang ist immer gleich, egal, ob das Fangeisen in einem Fangbunker oder im Freien unter einer Hecke oder in Wurzelausläufern gelegt wird.

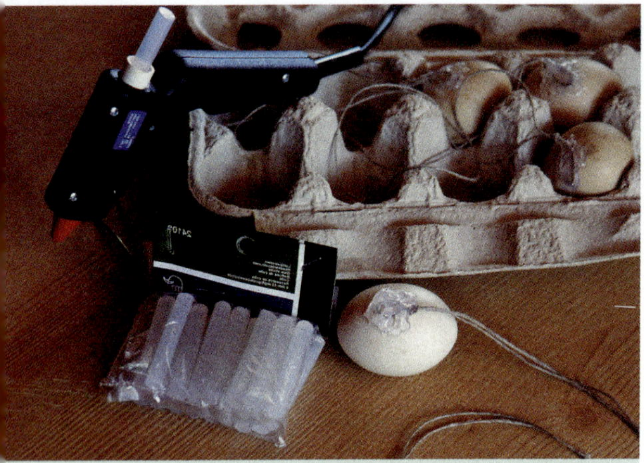

Herstellung von Fangeiern: Die Schnur wird mit Hilfe einer Heißklebepistole angeklebt.

Das Fangei

Das Fangei ist leicht und einfach zu präparieren. Man benötigt dazu nur eine Heißklebepistole und etwas Bindfaden. Dieser wird in Längen von ca. 20 cm abgeschnitten und eine Schlaufe daraus gebunden, die man auf die Mitte des Eies legt (nie an den Polen befestigen!) und mit dem heißen Kleber festklebt. Zu beachten ist dabei, dass das Ei sauber und fettfrei ist, ansonsten hält der Kleber nicht. Nach dem Auskühlen des Klebers probiert man aus, ob es auch gut hält, um später keine Überraschungen zu erleben. Empfehlenswert ist, sich gleich mehrere Fangeier herzurichten, so ca. 10–20 Stück, um jederzeit welche zur Verfügung zu haben.

Tipp	Hühnereier von freilaufenden Hühnern haben meist eine stärkere Schale!

Das Verblendmaterial

Das beste Verblendmaterial ist Fichtennadelstreu. Sie ist jederzeit leicht verfügbar, doch sollte man sich beizeiten einige Säcke voll sammeln, damit auch bei Schnee und Frost genügend zur Verfügung steht. Fichtennadelstreu kann auch in Fangbunkern und sogar im Haus eingesetzt werden. Im Haus wird sie lediglich mit ortsüblichem Material (Staub, Sand, Druschabfall) darüber abgedeckt. Der Vorteil von Fichtennadelstreu im Freien besteht darin, dass sie wenig Feuchtigkeit aufnimmt und dadurch bei Frost nicht so schnell festfriert. In der frostfreien Zeit kann auch staubtrockene Erde, wie sie oft zwischen den Wurzelansätzen oder überhängenden Wurzelstöcken vorkommt, verwendet werden. Dabei ist aber der Auslöser zuvor mit Laub oder großen Blättern abzudecken, um etwaige kleine Steine oder Erdbrocken am Verklemmen des Auslösers zu hindern. Grundsätzlich wäre zu sagen, dass das ortsübliche Verblendmaterial immer am besten geeignet ist, da es keine fremde Witterung abgibt. Man muss nur darauf achten, dass sich bei der Falle nie etwas verklemmen kann.

Der Marderfang in Gebäuden

Meist hat man keine Möglichkeit, das Mardereisen an geeigneten Stellen einzubauen. Hier hilft die sogenannte offene Fangkiste. Dies ist eine offene Holzkiste mit 10 cm Höhe, in die das Fangeisen kommt und mit ortsüblichem Material verblendet wird (Kaff, Sägespäne, feiner Mist, Kehricht). Den Zugang zum niedergespannten Bügel verstellen, der Marder soll immer über den losen Bügel oder die Federachse kommen. Mit der Lage des Ködereies kann man ihn dirigieren, denn das Ei wird immer über die schmale Seite genommen, nie über die Pole.

Gut getarntes Eiabzugeisen – auf dem Dachboden gelegt

Dass selbst in verschlossenen Räumen etwas passieren kann, habe ich in der Praxis erlebt: Eine Frau hatte am Rande des Dorfes ein Haus mit Nebengebäude, in dem sie Hühner hielt. Eines Tages merkte sie, dass ein paar Hühner samt Eiern fehlten. Natürlich wurde nach dem Jäger gerufen. Da ich zu den Leuten ein gutes Verhältnis hatte, versprach ich zu helfen. Im sogenannten Stadel war es zu gefährlich, ein Fangeisen aufzustellen, aber in einem integrierten geschlossenen Raum, in dem Brennholz und Kohlen gelagert waren und zu dem etwaiges Raubwild Zugang hatte, baute ich in der vorhandenen Nadelstreu ein Mardereisen mit einem Köderei ein. Die Frau hatte den Auftrag, diesen Raum sorgfältig zu versperren, was sie auch tat, denn nur sie holte Holz und Kohlen. Bereits am zweiten Tag rief sie an, es hätte sich ein „mordstrum Viech" gefangen. Meine Fallenkontrolle ergab einen kapitalen Iltisrüden. Nach Entnahme desselben und neuerlichem Fängischstellen des Eisens wurde ich zu einer kräftigen Jause geladen. Es herrschte große Freude, dass der Eier- und Hühnerdieb nun endlich in die ewigen Jagdgründe geschickt worden war. Beim Verabschieden von dieser netten Dame mahnte ich noch zur Vorsicht und forderte sie auf, sie solle wieder anrufen, falls sich noch etwas fangen sollte. Nach 14 Tagen wollte ich mein Eisen abholen, da erzählte mir die Frau, dass ein arges Malheur passiert sei. Ihre Mutter habe sich im Eisen gefangen und liege im Krankenhaus. „Um Gottes Willen," sagte ich „es war doch alles versperrt!" Da erzählte mir die Frau, wie das passieren konnte: Sie habe, wie jeden Tag, diesen Raum aufgesperrt und wollte Holz und Kohlen holen. An diesem Tag aber habe ihr die Nachbarin nachgerufen und sie in einen Tratsch am Zaun verwickelt. Nach einiger Zeit hörte sie aber das Schreien ihrer über 70jährigen Mutter. Sie hatte das starke Mardereisen am Arm oberhalb des Handgelenkes. Der Unterarm war gebrochen, und der Nachbar hatte fast eine halbe Stunde daran gearbeitet, bis er das Eisen öffnen konnte. Zwei Wochen Krankenhausaufenthalt waren die Folge. Heute ist das längst vergessen, aber ich habe meine Lehre daraus gezogen.

Wichtig Rücksprache mit dem Eigentümer!

Die einfache Marderkiste

Mit bestem Erfolg lässt sich die Marderkiste einsetzen, und zwar in Bereichen, in denen es für ein Abzugeisen zu gefährlich ist. Diese harmlose Holzkiste ist für Menschen und Haustiere völlig ungefährlich. Natürlich muss auch das Lebendfanggerät täglich kontrolliert werden. Da diese Kiste meist im häuslichen Bereich eingesetzt wird, hat es sich bewährt, mit dem Hauseigentümer oder einer anderen verlässlichen Person ein Abkommen zu treffen, und zwar: Ist die Falle geschlossen, so verständigt die Vertrauensperson, die das Fanggerät überwacht, den Fallensteller (Jäger), und dieser sieht nach und sorgt für die Entnahme des (hoffentlich) Marders. Bewährt hat sich dabei, dies in einem geschlossenen Raum mit Hilfe eines Sackes oder Netzes zu tun, um unliebsame Überraschungen zu vermeiden.

Wichtig

Bevor dieses Fanggerät fängisch gestellt wird, wird zuerst angekirrt (mit Eiern)! Erst wenn die Kirreier regelmäßig genommen wurden, wird das Köderei an den Auslöser gebunden!

Dieser wird mit einem Stellhölzchen oder mit dem Bügel einer gespannten Mausefalle verbunden. Siehe Skizzen. Wichtig beim Bau der Kiste ist der Einbau einer Sperre, damit das gefangene

Die einfache Marderkiste mit Ratten- oder Mausefallenauslöser

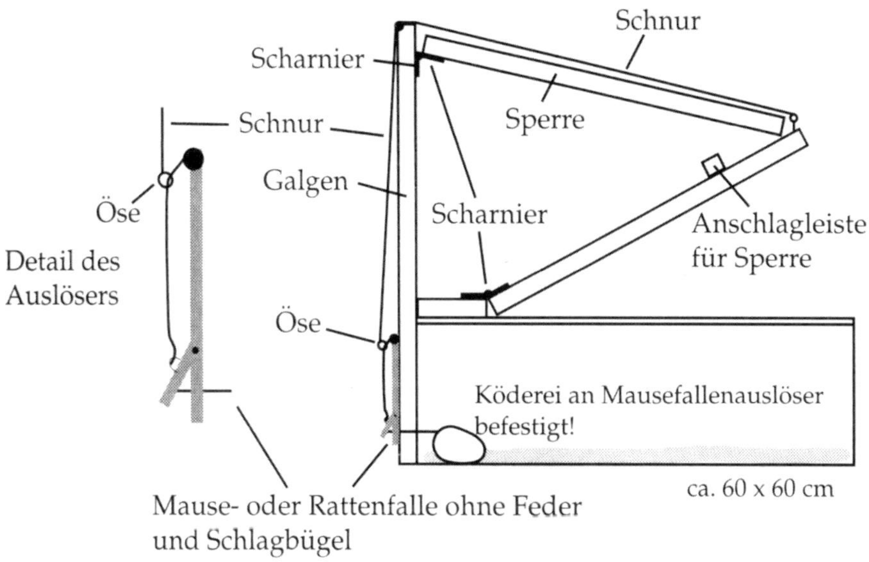

Tier den Deckel nicht von innen anheben kann. In die Kiste kommt, je nach Aufstellungsort, ortsübliches Material: Bestens bewährt haben sich Hühnermist, am Heuboden Heu oder Stroh, auf Dachböden Sägespäne.

Trick: Speziell an Entengewässern oder in Parks mit Ziergeflügel kann der Marder oft äußerst lästig werden. Mit einem einfachen Trick habe ich viele alte gewitzte Marder überlistet, und zwar auf folgende Weise: Ich suchte mir eine brütende Stockente, die bereits das Gelege mit Daunen bedeckt hatte, und entnahm ihr die Eier samt Daunen. Ein Ei wurde als Fangei benützt und an den Abzug in der Fangkiste gebunden. Dieses Fangei wurde mit dem Nestmaterial und den Daunen bedeckt. Die restlichen Enteneier wurden einer Bruthenne oder einer Brutmaschine übergeben. Meist saß der Marder innerhalb der nächsten 2–3 Tage in der Fangkiste!

Neuerdings hat sich die Marderkiste auch im Reviereinsatz bestens bewährt. Neben dem Marder wurden aber auch Krähen, Elstern und sogar Hermeline gefangen. Als Köder diente ein Ei. Aufgestellt neben Fasanenschütten, Entenfütterungen oder in Hecken eingebaut, liefert sie sehr gute Fangergebnisse. Auf regelmäßige Kontrolle muss aber unbedingt geachtet werden.

Links oben: Marderkiste, gesichert

Links Mitte: Marderkiste, fängisch

Links unten: Ausgelöst, die Deckelsicherung ist eingerastet.

Oben: Auslösemechanismus mit Mausefalle (mit Feder und Schlagbügel)

Der Fang mit der Conibear-Falle

Der Einbau der Conibear-Falle

Der Fang mit der Conibear-Falle, eingebaut in eine Fangkiste

In Amerika erfunden, ist die Conibear-Falle in erster Linie ein Fanggerät für Berufstrapper. Daher ist auch kaum ein Fanggerät so universell einsetzbar, was aber natürlich ganz spezielle Kenntnisse voraussetzt. Die „Coni" verführt ebenso zum leichtsinnigen Umgang, zumindest für die vorherrschenden Verhältnisse in einer Kulturlandschaft, wie auch zum perfekten selektiven Fang an den verschiedensten Örtlichkeiten. Ihr größter Vorteil liegt in ihrem geringen Eigengewicht im Verhältnis zur Klemmkraft für ihren totfängischen Einsatz. Wie schon erwähnt, eignet sie sich auch besonders gut zum Bestücken der „Trapline", für die sie auch erdacht wurde. Bei geringem Gesamtgewicht kann man eine Menge Fanggeräte transportieren und auch einen größeren Revierteil in relativ kurzer Zeit bestücken. Der größte Nachteil der Conibear-Falle ist, dass man sie stets sorgfältig verwittern muss, da sie ja meist nicht unter Verblendmaterial verdeckt ist. Außerdem bleibt sie für unerwünschte Besucher doch zum Teil sicht- bzw. erkennbar. Auch das Spannen erfordert eine gewisse Routine, lässt sich aber mit geeigneten Hilfsmitteln leicht durchführen. Der Abzugmechanismus dagegen ist sehr einfach und störungsunanfällig.

Die Falle gibt es in drei Größen, und zwar: 25 x 25 cm, 20 x 20 cm und12 x 12 cm. Sie ist für jeden Einsatz geeignet. Typisch für die Conibear-Falle ist auch, dass sie großes Raubwild relativ sicher tötet, obwohl die Falle so handlich und zierlich aussieht.

Nun zu einem Punkt, der immer die Gemüter erregt, den Gesetzgeber ebenso wie den normalen Bürger: der selektive Fang! Hier wird eigentlich ganz unnötig herumdiskutiert, weil Jagd, und die Fangjagd ebenso, nur eine Sache der Verantwortung des Ausübenden ist. Ich kann z. B. mit derselben Schrotpatrone einen seltenen geschützten Greifvogel, wie z. B. den Uhu, als auch den schlauen, räuberischen Fuchs erlegen. Eine Frage der Verantwortung! Dasselbe gilt auch für ein Fanggerät: das einzig und allein Entscheidende sind die Art des Zugangs zu ihm und die jeweilige Art des Köders – eigentlich eine Frage des Hausverstandes und doch scheinbar schwer zu verwirklichen. Noch ein heikler Punkt: die Sicherheit. Diese hat aus allen nur erdenklichen Gründen gewiss immer Vorrang. Nur kann man auch etwas „zu Tode sichern!“ Das heißt, Aufwand und Erfolg sollten stets in einem gesunden Verhältnis zueinander stehen. Eine Mindestverantwortung für die eigene Sicherheit kann wohl von jedermann verlangt werden – wie auch im Straßenverkehr.

Der Einbau der Conibear-Falle

Ehe man überhaupt eine Conibear-Falle spannt und dann einbaut, egal welche Größe, sollte man aus Sicherheitsgründen für sich selbst immer einen Sicherheitsgreifer griffbereit haben. Er dient zum Sichern der gespannten Falle. Bei mir kommt dieser die ganze Jagdsaison nicht aus der rechten Tasche meiner Winterjagdjacke. Übrigens auch einige andere Utensilien, wie Feuerzeug, Schnur, M6 rostfreie Schrauben mit Muttern (2–3 Stück), eine kleine Taschenlampe, Wollfäustlinge, ein aufblasbares Sitzkissen, Mauspfeife und Hasenklage, ein paar Würfel Traubenzucker und etwas Toilettenpapier. Die meiste Zeit habe ich auch einen handlichen Taschenfotoapparat mit Autofocus und Blitz dabei, der ja heutzutage recht preiswert erworben werden kann. Das sieht nun nach sehr viel aus, ist es aber nicht! Ich spüre gar nicht, dass ich diese Utensilien mittrage, weil sie auf einige Taschen verteilt sind. Meine Jagdkameraden spötteln öfters: „Du mit deinem Überlebensrock!“ Aber im Notfall ist dann schon so mancher kleinlaut nachfragen gekommen. Ich versuche stets, nichts dem Zufall zu überlassen, was bei der Raubwildjagd besonders wichtig ist.

Die Standardstellung der Conibear-Falle

Im gespannten, gesicherten Zustand mit oder ohne Köder kommt sie auf zwei Pflöcke. Je nach Größe treibt man zwei etwa 50–60 cm lange Pflöcke in den Boden, und zwar so weit auseinander, wie die Federringe im waagrechten Zustand voneinander getrennt sind. Die Pflöcke sollten möglichst genau dem Innendurchmesser der Federringe entsprechen. Auch eine „Coni“ darf nie wackeln! Sind die Pflöcke halbwegs genau eingeschlagen, braucht man die waagrechten Federn nur etwas durchzudrücken, und die Falle klemmt sich selbst fest. Ansonsten mit kleinen keilförmigen Aststücken, die mit dem Messer geformt werden, verklemmen.

Solcherart in Position, gibt es eine Unzahl von Möglichkeiten, die Falle auch auf den Kopf zu stellen, das heißt, die Auslöser können sowohl von oben nach unten als auch von unten nach oben schauen. Beide Stellungen funktionieren hundertprozentig. Auch funktioniert die Conibear-Falle beidseitig, eine einmalige Sache bei totfängischen Fanggeräten, auf Kontakt wie auch mit Köder. Daher verlangt sie einen besonders sorgfältigen Umgang, zumal sie so vielseitig wirksam ist. Auch zur Gänze wie halb unter Wasser funktioniert diese Falle genauso vielseitig.

Welches Raubwild man fangen will, entscheiden immer die Größe des Zuganges bzw. die Einschlupflochgröße und das Wichtigste – der jeweilige Abzugbrocken oder Köder. Denn man kann die „Coni" mit Köder auch sehr gut liegend einsetzen oder hängend, quer eingebaut, wie ein aufgehängtes Abzugeisen. Nur muss die Falle dann auch nach oben sehr sorgfältig verblendet werden, da sie ja immer beidseitig fängt. Legt man die Conibear-Falle am Boden an Land oder im Wasser mit Abzugbrocken, dann muss sie stets sorgfältig verblendet werden. Beim liegenden Einsatz ganz wichtig: Die Federn müssen immer stark nach vorne gedrückt werden, und zwar V-förmig. Die Falle muss so verbaut werden, dass das Stück nur in dieses V der Federn kommen

18er-Conibear in Kiste, als Einest dargestellt. Das Ei ist am Auslöser beweglich befestigt.

Die Conibear ist mit Heuspreu verblendet.

kann. Dies ist das gleiche Prinzip wie der Fang über den losen Bügel beim Schwanenhals. Beim liegenden Einbau lässt man den Auslöser vom Fallensteller wegschauen, das heißt, das Stück muss den Köder in die entgegengesetzte Richtung ziehen, um sich absolut sicher zu fangen. Noch ein wichtiger Hinweis: Die Conibear-Fallen haben 2–3 Stellungsrasten. Je weiter weg vom Drehpunkt, desto leichter der Auslösewiderstand, je näher, desto größer der Abzugwiderstand. Dies muss immer beachtet werden. Auch die Rasten dieser Falle können mit der Zeit etwas ausrosten und müssen mit einer passenden Rundfeile nachgeputzt werden. Dies sollte aber von einem wirklich erfahrenen „Conibear-Fallen-Mann" gemacht werden! Sehr erfolgreich und sicherheitsmäßig am besten kann man diese Falle in Fangkisten und Anbaudurchläufen einbauen. Beim liegenden Einsatz müssen die Federn stets auf einer festen, harten Unterlage aufliegen, und das Gerät darf auch nicht schaukeln; dies gilt auch immer für den Einsatz im Wasser.

Der Einsatz im „Fenster"

Beim Einbau in Kisten oder Betonteile gibt es eine Reihe von Möglichkeiten. Als bestes Prinzip hat sich der Einbau in ein sogenanntes „Fenster" erwiesen. Dieses kann man einzeln äußerst mobil einsetzen – ob an der Kiste mit Einest (oder Taubenhaus, Mauskiste, Marderpass), an der Bretterwand einer Scheune oder Hütte oder auch „nur" auf einem unauffälligen Zwangspass im Gerümpel oder Holz bzw. Reisighaufen.

Conibear im „Fenster" eingebaut

Will man im „Fenster" beidseitig fangen, befestigt man die Conibear-Falle. Soll sie nur nach einer Seite ausspringen, steckt man sie nur ins „Fenster".

Für ein Fenster kommen hauptsächlich die 12 x 12-cm- und die 20 x 20-cm-Falle in Frage. In Fällen aber, bei denen man keine Pflöcke eintreiben kann, kommt immer das Fenster zum Einsatz, für alle drei Größen!

Größe der Fenster: Innenmaße: 18 x 18 cm, 25 x 25 cm, 36 x 36 cm. In der Mitte wird ein etwas konischer Schlitz eingesägt, in den man die Falle in gespanntem Zustand bis zum Anschlag einschiebt. Die Federn müssen leicht Platz haben, aber doch noch ganz leicht klemmen, nur so viel, dass die Falle nicht schaukeln kann. Tut sie dies dennoch, so schlägt man einen 50–60-mm-Nagel an geeigneter Stelle ein, damit die Federn gestützt werden. Bei beidseitigem Einsatz fixiert man die Falle mit einer Kette (am besten Hundekette) durch die

Federringe oben über das Fenster und hängt die Kette in einen kleinen Nagel ein, wenn die Falle gehaltert ist.

Baut man ein „Fenster" irgendwo dazwischen ein, muss es so tief sein, dass die Conibear-Falle im zugefallenen Zustand nicht aus dem Fenster steht. Daher sind auch die Schlitze zur Aufnahme entsprechend tief einzusägen, es ist aber stets darauf achten, dass die Federn einwandfrei auseinanderspringen können!

Mit einem breiten Fenster kann man auch sehr gut hängend fangen, man braucht nur gegenüber der Fangseite (oben) einen Deckel, was auch der Frostsicherheit sehr dienlich ist. Auch die Sicherheit gegenüber anderen Tieren ist sehr groß, weil auf 2–4 Pflöcken knapp über dem Boden nur soviel Bodenfreiheit sein muss, dass das jeweilige Raubwild darunter schlüpfen kann. Diese Methode ist äußerst mobil und an Variationsmöglichkeiten mit selektivem Köder kaum zu übertreffen und sie bietet dabei sehr große Sicherheit, denn man kann dieses Fenster mit Dach auch vielfältig verblenden. Die Fenster haben generell auch den Vorteil, dass man am Holz gut anwittern kann und so das jeweilige Stück an die Conibear-Falle bringt.

Conibear vor einer Wurzelhöhle aufgerichtet

Man fängt auf Zwang besonders günstig hinter und vor einem Fenster und sollte dort auch anwittern, z. B. in Rohrdurchlässen. Am geeigneten Platz stellt man bündig zum bestehenden Rohrdurchlass oder Kanal, der trocken sein sollte, das Fenster in passender Größe. Man legt am besten zwei 1-m-Rohre aus Beton davor und verblendet das Ganze, so dass kein Licht einfällt.

Niemals ein Kunststoffrohr verwenden, denn die glatte Oberfläche wird vom Raubwild gemieden. Man kann aber ein solches Rohr ohne sehr viel Aufwand mit einem Laufboden aus Holz versehen. Dieser sollte aber immer mindestens 10 cm breit sein, je nach Rohrdurchmesser. Man nimmt ein ca. 3 cm dickes Brett und formt es dem Rohr angepasst auf einer Seite halbrund. Dann schraubt man es von außen mit einigen Holzschrauben an. So hat man den großen Vorteil des geringen Gewichtes für den Transport. Ein Kunststoffrohr kann man sogar problemlos auf dem Dachträger ins Revier bringen. Mit 2–3 1-m-Rohrstücken ist man schon gut gerüstet. Den Holzlaufboden bestreut man je nach Umgebung zusätzlich mit feiner Erde, Sand, Nadelstreu, aber niemals mit Laub, weil dieses beim Betreten raschelt und somit vom Raubwild zumeist gemieden wird. Bei guter Verwitterung genügt auch das Holz alleine. Die Rohrlängen kann man nach Bedarf anfertigen und auch kombinieren. Hat man Gelegenheit, „Rohre" mit rechteckigem oder quadratischem Querschnitt zu bekommen, sei es aus Kunststoff oder Eternit (die keinen Laufboden benötigen), so sollte man den flachen Kunststoffboden am einfachsten mit einem Brett belegen.

Ein ganz spezielles Einsatzgebiet für die Conibear-Falle ist an Röhren von Fuchsbauen in der Ranzzeit, wo im „Liebestreiben" auch die Vorsicht etwas außer Acht gelassen wird. Wenn es der Fuchs eilig hat, in einen Bau zu kommen oder auch heraus, dann hat die Falle ihre Qualitäten, ganz besonders, wenn man sie mit einem Haarabzug ausrüstet.

Als Verblendmaterial ganz allgemein hat sich Altgras am besten bewährt. Mit einiger Übung kann man auch eine Conibear-Falle fast unsichtbar machen, zumindest verschwimmt sie total in der Umgebung. Ich kenne Perfektionisten, die diese Fallenart ganz mit Seegras umwickeln. Die Conibear-Falle wurde laut Originalprospekt in Amerika für den Einsatz vor Höhlen, Röhren etc. entwickelt.

Links und rechts oben: Transportabler Marderfangbunker zum Fang mit der Conibear-Falle
Rechts unten: Die Falle im „Drahtkäfig" zum Aussperren der Haustiere

Der Fang mit der „Conibear-Falle", eingebaut in eine Fangkiste

Der Einsatz dieser Falle in einer Fangkiste hat zwei grundsätzliche Vorteile. Durch die genau abgestimmte Größe des Einschlupfloches wird ein absolut selektiver Fang ermöglicht. Durch das Aufstellen in der Kiste, die von außen versperrbar sein sollte, besteht die größtmögliche Sicherheit, die durch das Befestigen der Fangkiste an eingeschlagenen Pflöcken noch gesteigert werden kann. In der Kiste kann man die verschiedensten Köder verwenden, vom Einest über Schokolade bis Bienenhonig, der immer eine außerordentliche Anziehungskraft ausübt. Ansonsten wird die Kiste 2–3 cm hoch mit Spreu gefüllt – je nach Bedarf auch mehr –, die stets mit Getreide bzw. Mais vermischt wird. So wird die Kiste jederzeit, auch wenn sie ohne Fanggerät herumsteht, von Mäusen gut angenommen und ist damit stets erstklassig verwittert.

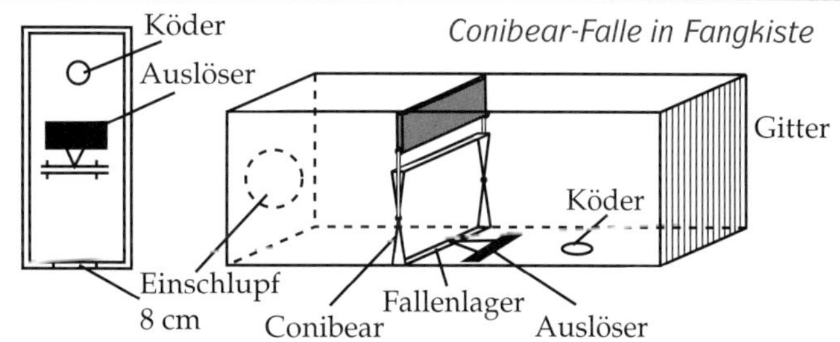

Conibear-Falle in Fangkiste

Zum Marderfang beträgt das Einschlupfloch 8 cm im Durchmesser. In der Kiste ist eine 12 x 12-cm-Conibear-Falle auf Zwang eingebaut, allerdings mit einer Wippe, damit der Bügelquerschnitt völlig frei bleibt. So fängt die Conibear-Falle absolut sicher, da der Marder nichts Außergewöhnliches sieht und nirgendwo anstreift.

Ich habe ursprünglich, wie üblich, zwei Holunderrohre mit Querästchen über die zwei Auslöser geschoben und diese dann umgebogen und ein Stück Moos oder Rinde daraufgelegt. So entstand eine ganz natürliche Wippe und ein freier Querschnitt der Bügel. Später habe ich dann einfachheitshalber ein Stück Lochblech 6 x 6 cm mit den Auslösern verbunden. Das Blech ist stabil mit den zwei Drahtauslösern verbunden und muss dann nur mit feiner Spreu in der Fangkiste verblendet werden. Die Wippe lässt man zum Köder schauen, dann ist alles perfekt, es funktioniert aber auch nach außen, also zum Einschlupf gerichtet, genauso.

Wichtig	Die Conibear-Falle muss auch in der Kiste absolut wackelfrei eingebaut sein.

Am besten man hängt die Federringe über zwei ca. 3-cm-Rundhölzer, die nur gering kleiner sein sollten als die Federringe. An der Innenseite der gespannten Federn schlägt man zwei 50–60 mm lange Nägel ein und biegt sie dann noch leicht zurecht, so dass sie die Federarme stützen. Nun probiert man mit dem Finger an den Bügeln, ob die Federn und somit die ganze Falle wackelfrei steht. Mit Stroh, Spreu, Altgras oder Heu verblendet man anschließend alles rund um die

Bügel. Gleichzeitig verwittert man die Falle wieder. Vor dem Einbau sind die Hände natürlich gut mit dem gleichen Material wie dem in der Kiste abzureiben.

Bewährte Maße der Kiste: 1 m lang, 24–25 cm breit, 22 cm hoch zum Einbau der 12 x 12-cm-Falle im mittleren Bereich der Kiste. Der Einschlupf beträgt 8 cm Durchmesser für Marder, Iltis, fallweise auch für das Hermelin. So ist z. B. eine Katze oder ein Igel sicher ausgeschlossen und ein selektiver Fang möglich. Die Vielseitigkeit dieser Fangkiste ist enorm. Man hat stets sein Fanggerät im Trockenen und ist wetterunabhängig, ob in Haus oder Hof, ob im Revier, im Umfeld einer Fasanschütte, am Marderpass, unter dem Reisig- oder Altgrashaufen, unter oder am Holzstapel bzw. zwischen zwei Holzstapeln, unter Brücken und Hütten, auf Sockeln oder in Hanglage. Sehr gut ist sie auch in eine Mausburg aus Strohballen zu integrieren. Auch ideal am Zaungitter einer Voliere mit angelegtem Laufgang, z. B. eine angelehnte Eternitplatte. Die für das Raubwild gute Durchsicht durch die Fangkiste lässt sie diese relativ arglos annehmen.

Sehr gut bewährt sich auch ein zusätzliches Zugmittel: Findet man in Haus oder Hof einen sogenannten Marderapport, wo oft über Jahre die Losung hingesetzt wird, so sammelt man mit einer kleinen Schaufel sämtliche Losungen ein. Oft bis zu einem halben Eimer voll. Nun füllt man Wasser nach Bedarf dazu und weicht die Losungen auf, dann fügt man wieder Wasser hinzu, bis das ganze eine Brühe wird, die man gut durchrührt. Mit solch einer „Marderbrühe" kann man jede Fangkiste innen befeuchten, am besten mit einem alten, aber sauberen Handfeger. So hat man eine perfekte natürliche Verwitterung, die auch für alle anderen Fallenarten, besonders jene aus Holz, zu empfehlen ist. Es ist wie beim Hund, wo es nach „Kamerad" riecht, dort ist man vertraut und begibt sich auch ohne größeres Misstrauen hin, dasselbe gilt auch für jedes Raubwild.

Jeder erfahrene Raubwildjäger weiß, dass es immer am schwersten ist, das erste Stück an einen Fangplatz zu bringen. Hat sich erst einmal etwas gefangen, so hat es natürliche Witterung hinterlassen, sei es durch Nässen oder Losung. Man kann auch aus Hühnermist eine „Verwitterungsbrühe" herstellen, die immer ihre Wirkung hat, sei es bei neuen Fangkisten oder sonstigen Fanggeräten aus Holz oder Metall. Aber auch ältere Geräte werden mit neuer Duftnote wieder interessanter.

Die Kontrolle einer Conibear-Falle in der Fangkiste ist oft nicht ganz leicht. Entweder kann man mit einer guten Lampe von einem bestimmten Punkt aus hineinleuchten, oder es sitzt, wenn es auf Durchsicht finster ist, ein Stück in der Falle. Ansonsten bewährt sich auch bei der Falle eine Signalschnur, die oben an einem Bügel befestigt ist und durch ein ca. 10–15 mm großes Loch in der Kiste nach außen führt und somit unauffällig zu kontrollieren ist. Signalschnüre sollten bei Dunkelheit stets mit dem Fernglas oder mit einer Stab- bzw. Handlampe auch von weiter weg zu sehen sein, dies muss bei jedem Fanggerät immer wieder betont werden. Was die Fangkiste auch noch sehr interessant macht, ist der Anbau von Rohren davor und dahinter, da durch eine Rohrleitung die Witterung aus der Kiste mittels Sogwirkung besonders gut transportiert wird. Der größte Vorteil ist wiederum, dass man durch den aufklappbaren Deckel der Kiste ganz bequem zu der Falle Zugriff hat. Beim Einbau zwischen einigen Röhren ist es sehr empfehlenswert, die Kiste mit Pflöcken zu fixieren.

Als Überdeckung hat es sich sehr bewährt, einen entsprechend großen Rost aus Rundhölzern zusammenzunageln (ca. 1,5 x 2 m genügt für die meisten Fanggeräte), idealerweise mit einer verwitterten Plastikplane darauf. Auf diesen Rost kommt das ganze Verblendmaterial, z. B. eine Art Reisighaufen. Der Rost bietet den großen Vorteil, dass man das ganze Verblendmaterial wie einen Deckel mit einem Handgriff in die Höhe heben und mit einem Holzstock abstützen kann. Es befindet sich noch dazu ein trockener Platz darunter, der im Herbst und Winter schon alleine Anziehungspunkt ist. Liegt erst etwas Schnee, so ist ein Verblenddach besonders vorteilhaft, weil man auch optisch, durch das Hochheben der ganzen Haube, nur ganz wenig verändert.

Beschreibung, Selbstbau und Einsatz von weiteren Lebend- und Totfangfallen

Die Betonkastenfalle

Wer im Revier mit offenen Augen unterwegs ist, hat sicher schon oft Raubwild in den verschiedenen Durchlässen und Verrohrungen gespürt, denn Beton und Betonrohre sind beinahe etwas Alltägliches für diese Tiere. Solche Durchlässe werden zwar nicht regelmäßig von ihnen inspiziert, aber in gewissen Abständen wird doch nachgeschaut. Vor allem dann, wenn öfter etwas zu finden ist. Zu diesem Zweck streut man Getreide in die Betonrohre, wodurch Mäuse angelockt werden und natürlich damit auch deren Feinde. Selbst Eier, die immer wieder darin gefunden werden, verleiten deren Liebhaber, öfter als gewöhnlich nachzusehen.

Nach diesen Überlegungen haben wir beschlossen, uns selbst Kastenfallen aus Beton zu bauen. Mit der herkömmlichen Form waren wir nicht ganz zufrieden, denn das außenliegende Gestänge des Auslösemechanismus war immer wieder Anlass zu Fehlfängen und Komplikationen. So konstruierte ein Freund die unter dem Deckel der Falle liegende Auslösung (siehe Fotos S. 104). Dass es anfangs auch mit dem neuen System seine „Mucken" hatte, ist wohl verständlich. Aber die Praxis ist der beste Lehrmeister, denn nach jedem Fehlfang lernten wir dazu. So entstand ein ausgereiftes Fanggerät, das man mit bestem Gewissen weiterempfehlen kann.

Die Vorteile, die so ein Fanggerät bietet, entsprechen genau der heutigen Zeit:
Es ist immer ein Lebendfang, somit kann man etwaige unerwünschte Fänge unversehrt wieder freilassen.
Da dieses Fanggerät das ganze Jahr im Revier steht, gewöhnt sich das Raubwild daran, und das Übel einer neu aufgestellten Falle, nämlich die fremde Witterung, fällt weg. Dies ist immer ein Vorteil.
Für witterungsempfindliches Raubwild, wie den Fuchs, ist es von großem Vorteil, dass man den Fangraum beim Fängischstellen nicht berühren muss und die Falle mit nur wenigen Handgriffen wieder fängisch stellen kann.
Als Vorteil dieses Fanggerätes kann auch – durch das hohe Gewicht (ca. 140–150 kg) – die hohe Diebstahlsicherheit gewertet werden.
Auch bei Frost und Schnee besteht volle Funktionsbereitschaft.

Als Nachteile könnten das hohe Gewicht und der damit verbundene schwierige Transport gewertet werden.

Wahl des Fangplatzes

Wie bei allen Fanggeräten ist der Fangplatz der entscheidende Faktor. Wer dabei eine glückliche Hand hat, der ist allen anderen um Längen voraus. Hier hat jener einen großen Vorteil, der viel im Revier zu Fuß unterwegs ist und die Gewohnheiten des Raubwildes genau kennt (Pässe, Markierungen u. a.). Als gute Fangplätze haben sich bewährt: Bach- und Flussläufe, Hecken, Wälle und trockene Gräben, entlang von Zäunen, natürliche und künstliche Zwangspässe, Anschluss an Durchlässe, Strohhaufen, Rundballen, entlang von Gehegen, alte Hütten, Scheunen, getarnt als Reisighaufen, u. v. a. Möglichkeiten.

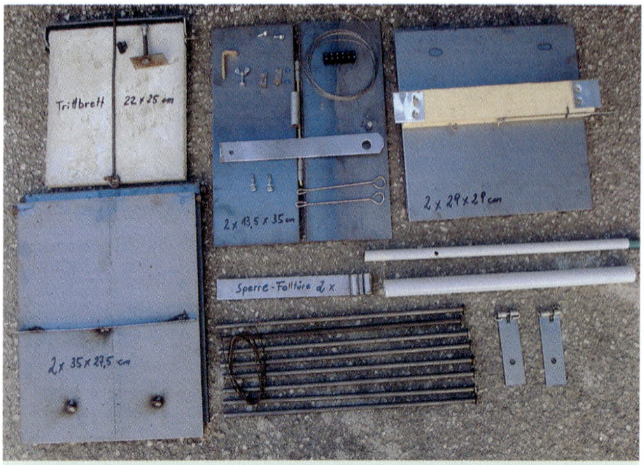

Die Bestandteile der Betonkastenfalle ohne Fallenkörper

Betonkastenfalle mit Anzeiger

Einbau der Betonkastenfalle

Das Wichtigste ist – Länge fängt – das heißt, dass mindestens an beiden Seiten der Betonkastenfalle zwei Rohre à 1 m Länge und 30 cm Durchmesser vorgebaut werden. Die Erfahrung hat uns gelehrt, dass die Kastenfalle, alleine aufgestellt, nur 1/3 der Fangergebnisse liefert wie die mit großen Rohren verlängerte Betonkastenfalle.

Das Aufstellen ist relativ einfach, man kann sie direkt auf den eingeebneten Boden stellen, die Betonrohre bündig anschließen und das ganze als Reisighaufen tarnen. Wo es möglich ist, kann man die Rohre samt Kastenfalle auch entlang von Böschungen eingraben, z. B. an der Forststraße liefert sie guten Fang.

Ein Signalstift (Anzeiger) wird mit eingebaut, denn dieser erleichtert die Kontrolle des Fanggerätes. Dabei wäre zu erwähnen, dass die Betonkastenfalle auf ihre Leichtgängigkeit zu überprüfen wäre, wenn sich darin eine Woche nichts fängt. Es passiert nämlich immer wieder, dass Mäuse Erde oder sonstiges Material unter das Trittbrett stopfen und so die Funktion stören. Wer hier regelmäßig die Funktion der Falle überprüft, hat gewiss bessere Fangergebnisse.

Sehr gute Fangergebnisse liefert die Betonkastenfalle auch, wenn sie in Heuhütten oder kleinen Stadeln eingebaut wird. Ja selbst direkt bei Häusern oder Hecken in Hausnähe aufgestellt, fängt sich der Marder hervorragend.

Wichtig

Beim Fang in befriedeten Bezirken: Immer das Einverständnis des Grundeigentümers (Besitzers!) einholen.

Links oben: Betonrohling als Fallenkörper (160 x 37 x 37 cm)

Rechts oben: Das Trittbrett zum Auslösen der Falle

Links unten: auf Durchlauf gestellt

Rechts unten: Fängisch, Auslösung über Hebelwirkung (links Verbindung zum Trittbrett)

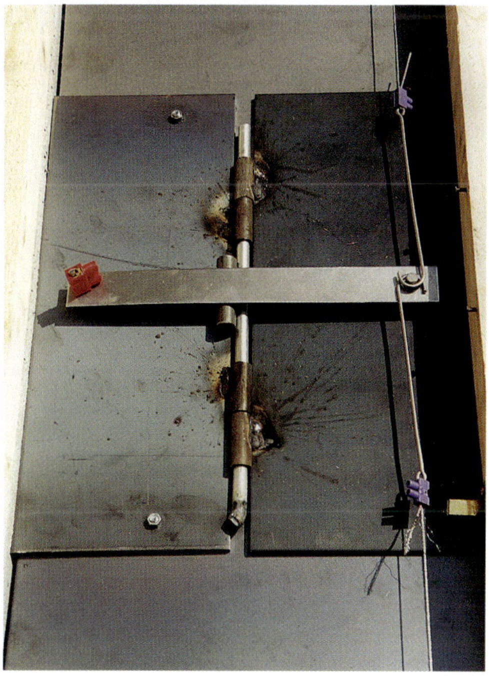

Links oben: Betonkastenfalle im Reisighaufen
Links Mitte: Betonkastenfalle in der Nähe von landwirtschaftlichen Gebäuden
Links unten: Künstlich geschaffener Zwangspass zum Falleneinlauf
Rechts oben: Betonkastenfalle in Böschung eingebaut
Rechts unten: So wird der Abfangsack montiert.

Man baut aber genauso das 30er Rohr vor die Betonkastenfalle und gibt in dieses ein 10er (Durchmesser 10 cm) als Reduzierung, der Rest wird mit Steinen verlegt. So haben wir einen idealen Fangbunker, der nur den Marder, den Iltis sowie das Wiesel fängt und keine Katze. Getarnt wird das Ganze wieder als Reisig- oder Steinhaufen oder auch als Holzstapel. Der Phantasie sind diesbezüglich keine Grenzen gesetzt.

Will man die Betonkastenfalle in der Nähe von Gebäuden aufstellen, so wird das 30er Rohr auf 10 cm reduziert, um keine Katzen zu fangen.

Köder

Beim Aufstellen der Betonkastenfalle auf einem Zwangspass entfällt das Beködern. Ansonsten ist der beste Köder Getreide, in und neben der Falle verstreut, das lockt Mäuse an, was wiederum die beste Witterung ergibt. Auch trockenes Hunde- und Katzenfutter, in kleinen Mengen in die Betonrohre gestreut, lockt Raubwild an. Für den Steinmarder ist natürlich auch das Ei sehr wirksam, wird es regelmäßig geholt, ist der Fang relativ einfach. Ist die Betonkastenfalle fängisch gestellt, ist eine tägliche Kontrolle absolut verpflichtend! Hat man keine Zeit zur Kontrolle, wird einfach auf Durchlauf gestellt!

Das Abfangen aus der Betonkastenfalle

Bestens bewährt hat sich ein Netzsack – 180 cm lang – mit einem stabilen Drahtring um die Öffnung. Dieses Netz wird vor das Betonrohr gestellt und mit zwei Pflöcken fixiert. Springt nun das Raubwild in diesen Netzsack, so verfängt es sich und kann mit dem Kleinkaliber erlegt werden.

Die Stößelfalle

Wenig bekannt – jedoch sehr erfolgreich!

Die Stößelfalle besteht aus einer Holzröhre in den Maßen 24 x 24 x 90 cm und einem Schieber, dem sogenannten Stößel. Bei der Standardform der Stößelfalle wird der Stößel mit einem Gewicht von 75–90 kg beschwert. Wir haben an beiden Seiten des sogenannten Stößels anstatt des Gewichtes diesen mit zwei starken Federn versehen – mit sehr gutem Erfolg und gleich guter, tödlicher Wirkung.

Zur Fängischstellung des Stößels werden drei Hölzer verwendet. Es ist bekannt, dass der Fuchs, wenn er im Bau ist und die Röhre mit einem Hölzchen verstellt wird, dieses immer in den Bau zieht. Der Dachs hingegen schiebt es aus dem Bau hinaus. So kann man auch aus der Lage der vor die Röhre gestellten Hölzchen auf die Bewohner schließen.

Will der Fuchs den Bau durch die eingebaute Stößelfalle verlassen, zieht er das vorgestellte Hölzchen in die Holzröhre und löst damit den gespannten oder beschwerten Stößel aus. Je nach Reaktion des Fuchses sitzt der Stößel vom Hals bis in den Brustbereich, was beides absolut tödlich ist. Wichtig ist, dass man den Fuchs zwingt, den Bau durch die Stößelfalle zu verlassen, das heißt, dass man die übrigen Ausfahrten des Baues verschließt oder ebenfalls mit weiteren Stößelfallen besetzt. Hat man alles richtig gemacht, das heißt an der Stößelfalle so wenig wie möglich menschliche Witterung hinterlassen, fängt sich der Fuchs meist am zweiten oder dritten Tag.

Diese Falle wird in erster Linie bei schwierig zu bejagenden Steinbauen oder bei Betonröhren zum Einsatz gebracht. Bei seichten Erdbauten sollte der Boden gefroren sein, sonst gräbt sich der Fuchs aus.

Nach erfolglosem Versuch, den Fuchs mit dem Hund zu sprengen, wird die Stößelfalle eingebaut. Ist der Hund aus dem Bau und diese Falle eingebaut, so stellt sie bei seiner etwaigen Rückkehr keine Gefahr dar, denn der Hund löst, sollte er durch die Holzröhre der Stößelfalle einfahren wollen, diese vorher aus und sperrt somit den Zugang zum Bau.

Entwickelt wurde diese zu 100 % tödliche Falle von einem Berufsjäger, der bei der Baujagd immer wieder Erdhunde verlor. Bei manchen Bauen war Meister Reineke einfach nicht zu kriegen. So entwickelte der Jäger die Stößelfalle, die den einmal bestätigten Fuchs auch sicher zur Strecke brachte.

Wichtig

Die Stößelfalle sollte nie vorne oder hinten bei den Eingängen in die Hand genommen werden, denn bei Hinterlassung von frischer menschlicher Witterung wird der Fuchs den Bau nicht durch diese Holzröhre verlassen und er fängt sich somit auch nicht!

Die Stößelfalle mit Zugfeder anstatt der Gewichte

Die Stellhölzer der Stößelfalle. Der Fuchs zieht das Holz immer nach innen.

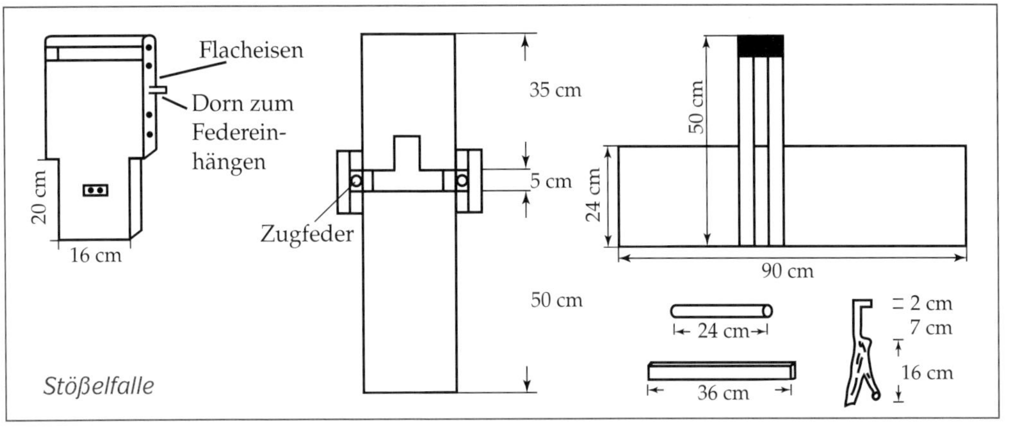

Der Fang mit der Prügel- oder Quetschfalle

Es gibt verschiedene Bezeichnungen für die Prügelfalle: Quetschfalle, Rasenfalle, Knüppelfalle; die Wirkungsweise der Falle ist aber immer die gleiche. Durch das Gewicht eines mehr oder weniger großflächigen Fallenkörpers wird das zu fangende Raubwild erdrückt.

Der Fallenkörper kann aus Rundhölzern, Beton, armiert mit Gitter und Stäben, oder einem Gitterrost aus Betoneisenstäben bestehen. Die Fläche sollte immer 1 x 1 m bzw. 1 x 1,20 m sein. Schmäler als 1 m ist in der Praxis nicht zu empfehlen, da Raubwild rasch auf Geräusche (Auslösegeräusch) reagiert und dies bei zu schmalen Fallenkörpern zu Fehlfängen führt. Die Konstruktion aus Holz wird mit einem Stein beschwert. Das Gewicht ist stets so abzustimmen, dass man es alleine aufheben kann. Das Mindestgewicht beträgt jedoch, z. B. für den Marder, 30 kg. Da sich die Prügelfalle aber auch für den Dachsfang sehr gut eignet, sollte eine Universalprügelfalle mit 50–70 kg beschwert sein. Meine Quetschfallen mit Betonkörper, 1 x 1 m groß und ca. 8 cm dick, bringen so ein Gewicht, dass man es als kräftiger Mann gerade mit einer Hand halten kann, denn man benötigt ja für einen Augenblick die zweite Hand zum Betätigen der Sicherung.

Der Betonkörper ist für mich der eindeutige Favorit, und zwar aus mehreren Gründen: die Falle ist einfach und billig herzustellen, ein Lattenrahmen aus 3 x 5 cm Dachlatten, 1 m^2 Baustahlgitter, Betoneisen – ca. 80 cm lang – als U-Bügel gebogen, zum Durchtreiben der Anschlag- bzw. Scharnierpflöcke. Zum Aufheben und Stellen ist ein Rohr mit 30–50 mm Durchmesser mit angeschweißten Seitenarmen als Träger ideal.

Man legt den Lattenrahmen auf einer ebenen Unterlage auf eine Plastikfolie und füllt den Rahmen mit Beton 1:3 gut gemischt, in der Mitte etwas erhöht auf ca. 8 cm. Die zwei U-Bügel werden gleich mit eingegossen, der Abstand beträgt ca. 80 cm. Der Betonkörper ist nach zwei

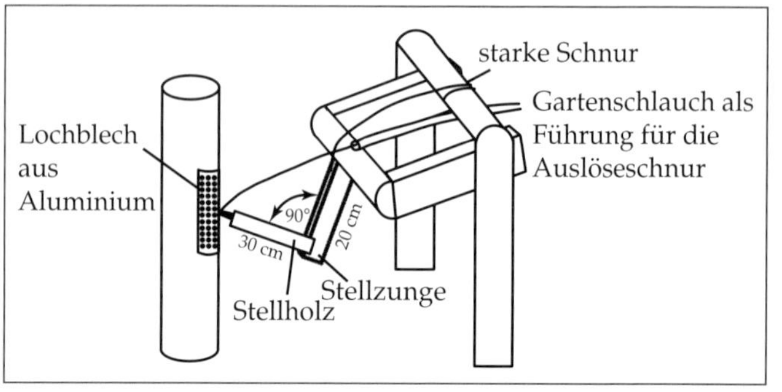

Wochen einsatzbereit. Die weiteren Vorteile eines Betonkörpers: Man kann eine Farbe zur Tarnung gleich mit einmischen. Überdies ist die Falle wasserdicht und daher im Fangbereich immer trocken. Aufzulegen ist größtmögliches Gewicht bei ganz flacher, niedriger Einbauweise, damit wird die absolut tödliche Wirkung auch beim Dachs erzielt. Die Tötungskraft ist sicher so gut wie bei einem sehr guten Abzugeisen. Die Betonkörper halten Jahrzehnte und sind kaum zerstörbar. Ist aber ein Fangplatz wirklich ein Flop oder es verändert sich das Umfeld grundlegend, so kann man den Betonkörper abtransportieren und auf einer anderen geeigneten Stelle wieder aufbauen. Die benötigten Fixierungspflöcke und eventuellen Unterlagen (Bretter, Steine) sind auf einem anderen Fangplatz leicht wieder aufzubauen.

Wegen der Dichtheit und dem Schutz für das Holz hat sich bei der Prügelfalle das Abdecken mit Plastikplanen sehr bewährt. Dann kommt etwas Nadelstreu und Erde darauf, und das Ganze wird mit zwei Waschbetonplatten beschwert, damit alles flach bleibt und trotzdem Gewicht hat. Auch als Unterboden haben sich zwei Waschbetonplatten, die etwas mit Erde bestreut waren, am besten bewährt.

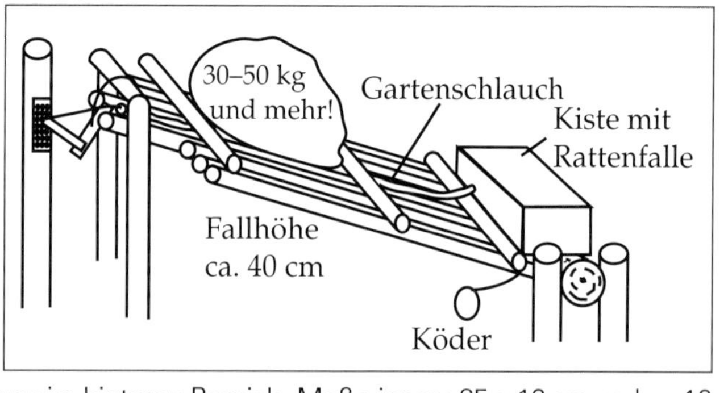

Als Auslösermechanismus können hier Trittauslöser oder, wie in der Marderkiste beschrieben, Sicherungsstifte, die mit dem gespannten Bügel einer Rattenfalle verbunden sind, eingebaut werden.

Unter jeder Prügel- oder Quetschfalle empfiehlt es sich, eine Mauskiste einzubauen, und zwar im hinteren Bereich. Maße innen: 25 x 12 cm und ca.10 cm hoch, diese wird aber bündig mit den Waschbetonplatten in den Erdboden versenkt. Sie besteht eigentlich nur aus einem Rahmen ohne Holzboden. Darin füllt man immer etwas Mais ein. Man kann aber auch verschiedene Köder oder Witterungen (im Glas oder in der Gitterschachtel) deponieren. Eine Witterung der allerersten Güte ist Hasenfett vom Feldhasen. Wenn ich für meine Kunden küchenfertige Hasen liefere, habe ich den Vorteil, den Hasenkopf, das Gescheide, den Balg und das begehrte Hasenfett zu behalten. Mit diesem Hasenfett bestreiche ich die „Decke" der Fallenkörper von Prügel- und Quetschfalle. Aber auch alle Arten von Fangkisten oder Durchlauffallen kann man mit Hasenfett verwittern. Auch kann man gelegte Eisen schneller zum Erfolg bringen, wenn man z. B. Baumstämme in 1–2 m Höhe unter Wind nahe der Fangstelle mit Hasenfett anwittert. Gerade bei nassem bis frostigem Wetter ist diese Methode besonders haltbar und wirksam. Vor allem am Holz haftet die Hasenfettwitterung hartnäckig. Andere erstklassige Köder und Kirrungen sind meistens durch Mausfraß gefährdet. Auch das Auslöseholz kann man mit dem Hasenfett präparieren.

Wichtig Aber niemals Abzugeisen befetten!

Man kann den Einlauf zur Quetschfalle durch Pflöcke recht gut absichern. Eine andere Möglichkeit wäre, im Mittelbereich der Falle an beiden Seiten, versetzt um einen halben Querschnitt, Betonrohre oder Ähnliches vorzubauen.

Über die Stellhölzer kommt am besten ein dunkler Kunststoff, um Nässe abzuhalten. Die beste Sicherheit für die Quetschfalle bringt aber die perfekte Tarnung. Das hat aber für jedes Fanggerät Gültigkeit. Denn man kann in der Praxis nicht alles anketten, zusperren oder umzäunen, um seine Fallen vor unliebsamen Zugriffen zu schützen. Ein gut getarntes Fanggerät soll in der Umgebung gänzlich verschwimmen.

Die Prügel- oder Quetschfalle ist sicher eines der bewährtesten Fanggeräte, was Sicherheit und Störunanfälligkeit in Zeiten mit und ohne Frost betrifft. Besonders für den universellen Einsatz – je nach Zugang und Beköderung – sie ist auch in jeder Revierart gut einzuset-

Quetschfalle unverblendet (oben) und perfekt verblendet (unten)

zen, besonders aber im Waldrevier. Man findet zwar nicht immer den optimalen Platz, hat man diesen aber, fängt man dort ein Leben lang. Auch für den Gewöhnungseffekt ist die Prügel- oder Quetschfalle ganz besonders geeignet, da sie meist stationär angewendet wird. Außerhalb der Saison sichert man den Fallenkörper in Originalhöhe, ebenso unterlegt man das Auslöseholz in Auslösestellung. Ist dann der Beginn der Saison, so gelingt der Fang um so leichter.

Zusammenfassend kann man die Prügel- oder Quetschfalle als echten„Zehnkämpfer" bezeichnen, und dies in jeder Hinsicht. Der größte Vorteil ist aber wohl, dass man ein gefangenes Stück nicht sieht und das Fanggerät in gefallenem Zustand bei passender Verblendung und Tarnung fast genauso aussieht wie bei fängischer Stellung und Tarnung. Auch für Anfänger ist die Prügel- oder Quetschfalle bestens zu empfehlen, da sie in der Herstellung billig und unproblematisch ist und wirksam einsetzbar.

Der Fang mit der Scherenfalle

Getarnte und gut verbaute Scherenfalle

Die Scherenfalle ist die kleine Schwester der Prügelfalle, das wohl billigste und einfachste Fanggerät, welches am leichtesten im Selbstbau herzustellen ist. Es ist in seiner Wirkung und Vielfältigkeit der Einsatzmöglichkeiten beeindruckend, alleine schon deswegen, weil man durch problemlose Serienfertigung ohne spürbare Kosten eine größere Anzahl einsetzen kann. Durch das geringe Gewicht kann die Scherenfalle auch leicht umgestellt werden, wenn sich ein Fangplatz als nicht sehr geeignet herausstellt. Die Falle muss allerdings sorgfältig ebenerdig eingebaut werden. Besondere Sorgfalt ist dem Zugang und der Verblendung zu widmen. Es ist immer ratsam, für die Verblendung die doppelte Breite der Scherenfalle als Richtwert herzunehmen, weil dadurch ein sicherer Wetter- und Sichtschutz gewährleistet ist. Man kann auch Rohre vorsetzen, die immer halb versetzt einzubauen sind. Damit verhindert man ein Durchspringen oder Zurückprellen des zu fangenden Raubwildes und vermeidet dadurch Fehlfänge. Man kann auch sehr gut mit Signalschnur oder Signalstab arbeiten, wenn man keine Möglichkeit auf Durchsicht hat. Das Gewicht sollte immer mindestens 25–30 kg betragen, auch hier hat sich eine Waschbetonplatte, die dieses Gewicht erreicht, bestens bewährt, da sie etwas großflächiger ist und so einen höheren Dacheffekt bringt, der bei einem Fanggerät immer gut ist. Die Vorderseite sichert man mit einem Gitter, und zwar ca. 30 cm hoch,

Quetschfalle gesichert!

aber immer groß genug, damit das Stellholz sicher auspendeln kann. Das ist nämlich der Hauptgrund, wenn es Fangprobleme gibt. Auch wenn mit Pflöcken abgesteckt wird oder mit einer Plane, ist immer auf genügend Freiraum zu achten.

In Niederwildrevieren mit gutem Bestand ist die Scherenfalle stets großflächig zu verblenden, damit es im Fangbereich dunkel ist, da sind Rohre besonders zu empfehlen. Bei wechselnder Witterung, z. B. von nass auf frostig, muss man die Scherenfalle unbedingt einmal durchfallen lassen, damit sie nicht zusammenfrieren kann. In den letzten Jahren hat sich auch ein transportabler Gitterkasten mit Dach aus Plane sehr gut bewährt, und zwar in verbauten Gebieten und Siedlungen. Denn der Marder bevorzugt immer mehr Siedlungen, und zwar aus einfachen Gründen: Sehr viele Hausbesitzer haben einen Komposthaufen, wo Hausabfälle und dadurch natürlich alles Kleingetier, wie Singvögel, Kröten, Igel, Mäuse und Ratten hinkommen – für den Marder ein Anziehungspunkt, aber auch für Hauskatzen. Dazu kommen häufig Obstgärten mit Pflaumen-, Birn- und Äpfelbäumen und manchmal auch Weinstöcke an der Hauswand, ein Paradies für den Marder, auch fast identisch mit dem Aufenthaltsraum der Hauskatzen. So stellt man in der Nähe von Komposthaufen oder sonstigen Plätzen, wo auch andere Tiere zu erwarten sind, den Gitterkasten auf. In diesen Gitterkasten mit Maschenzaungitter von 5–6 cm Durchmesser baut man eine Scherenfalle ein, etwa mit einem Einest im Eck und einem Ei in der Scherenfalle. So werden Hauskatzen ferngehalten.

Unverbaute Scherenfalle. Die Zugangsrohre sollten versetzt angebracht sein.

Die Scherenfalle muss so stehen, dass eine Wand dahinter ist und man die Falle durch den Drahtzaun nicht berühren kann, z. B. mit einer Kinderhand. Der Gitterkasten ist natürlich auch für jedes andere Fanggerät gut zu gebrauchen, wenn man die Hauskatze aussperren muss. Auch an Ententeichen hat sich der Gitterkasten mit Einest und Fanggerät sehr gut bewährt. Der Gitterkasten sollte wegen der Gewöhnung schon lange vorher stehen.

Der Raubwildbejagung in verbauten Gebieten kommt sicher immer mehr Bedeutung zu, daher auch den Fanggeräten, die absolut selektiv fangen sollten, wenn sie totfängisch arbeiten. Deshalb ist die exakte Absprache mit dem Haus- und Grundeigentümer, aber auch mit den Nach-

Scherenfalle im „Drahtkäfig"

barn, zu empfehlen. Am vorteilhaftesten ist, wenn die Haus- und Grundbesitzer die Fanggeräte selbst kontrollieren und nur bei Bedarf den Fangjäger rufen. Dann besteht auch die Möglichkeit, mit einer größeren Anzahl von Fanggeräten zu arbeiten, um verbaute Gebiete gut abzudecken.

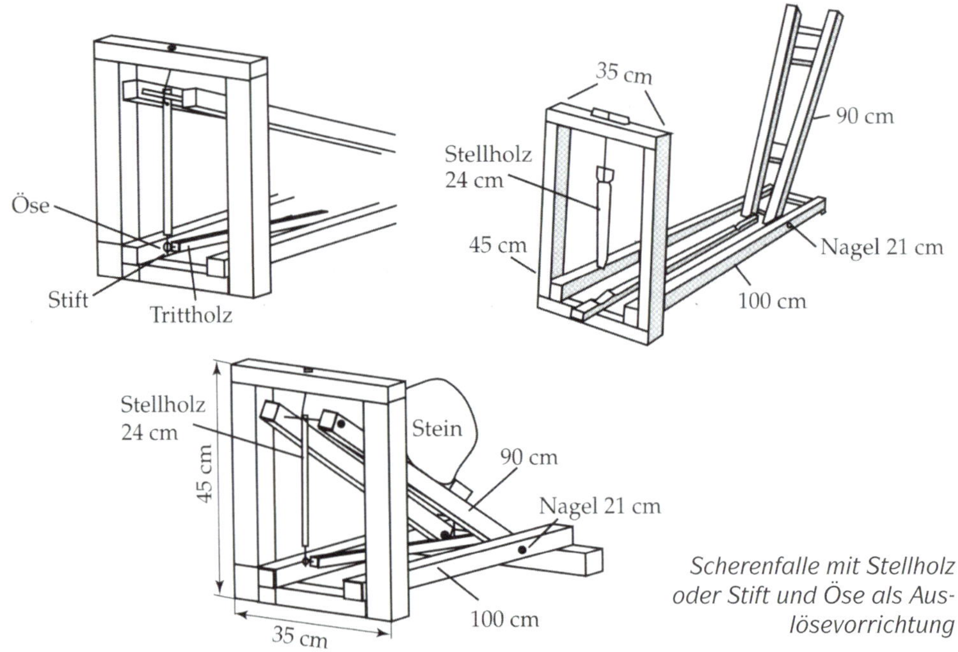

Scherenfalle mit Stellholz oder Stift und Öse als Auslösevorrichtung

Die große Schlagnetzfalle

Diese Falle hat eine Größe von 100 x 50 cm, und besteht aus einem Metallbügel bespannt mit einem Netz als Fangvorrichtung. Die Befestigung der Schlagnetzfalle erfolgt mit zwei Erdankern am Boden.

Die große Schlagnetzfalle dient vor allem zum Fang von Krähen und Elstern. Aber auch alle anderen Greifvögel, die den Köder nehmen, werden unversehrt gefangen. Diese können aber ohne Verletzung wieder freigelassen werden. Selbst kleine Hunde wurden schon gefangen, lediglich Fuchs und Marder beißen das sonst sehr stabile Netz durch. Wichtig ist eine gute Verblendung (Laub, Altgras, Schnee und Ähnliches). Als Köder dienen überfahrenes Wild (Hase, Fasan) und Eier.

Eventuell sollte man den Köder am Auslösering befestigen. Dieser löst auf Zug und Druck aus.

Als Fangplätze eignen sich am besten Waldlichtungen, Kahlstellen bei Feldfrüchten, in der Nähe einzeln stehender Bäume auf freiem Feld und überall, wo sich Krähen und Elstern aufhalten.

Für Menschen ist die Schlagnetzfalle völlig ungefährlich, da die Federkraft des Bügels nicht sehr stark ist.

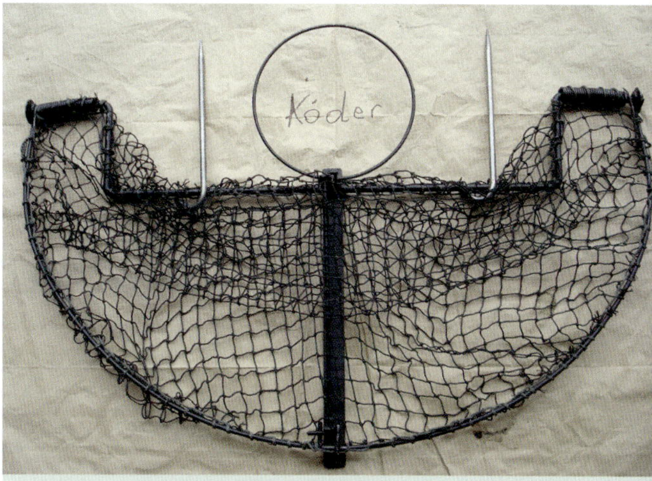

Große Schlagnetzfalle

Schlagnetzfalle, fängisch verblendet

Erzeugt wird diese Falle von Fallenbau Weisser, Schoren 4, D-78713 Schramberg, und ist im guten Fachhandel erhältlich.

Was kann ich als Köder verwenden?

Fuchs

Als Köder für den Schwanenhals eignen sich am besten die Köpfe von Hase, Fasan und Ente – sie fallen zur Jagdzeit an und werden tiefgekühlt. Auch Hühnerköpfe sind gute Fuchsköder.

Auf den Kirrplatz kommen immer nur kleine Mengen, dafür wird aber regelmäßig beschickt. Wichtig: Die Kirrung für den Fuchs wird immer vergraben! (5–10 cm tief). Als Kirrung eignen sich: Wildbret, Geflügel, Mäuse, Räucherfisch, Dosenfutter für Hund und Katze (einige Sorten ausprobieren!). Überhaupt kann man die verschiedensten Dinge anbieten. Vom „Schweinsripperl" über Brathendlknochen bis hin zu Schokolade und süßem Obst. Diese Sachen wurden schon mit Erfolg gekirrt und gut angenommen. Selbst mit Hühnereiern werden Füchse gefangen. Man muss nur verschiedene Happen anbieten, dann wird man bald wissen, was gerne angenommen wird.

Marder

Der beste Köder für den Marder ist das Hühnerei! Man kann es jedoch nicht überall einsetzen. Dennoch gibt es einige Dinge, die Marder gerne mögen, und zwar: Taube, Hase, Fasan, Dörrobst, süßes Obst, Bratäpfel, Honig, Anis, Schokolade, Kekse, Trockenfutter für Hund und Katze, Grammeln (= Rest von ausgelassenem Fett) u. Ä.

Iltis

Der Iltis fängt sich in erster Linie in für den Marder gestellten Fanggeräten. Er ist aber hauptsächlich Fleischfresser und nimmt daher keine „süßen Sachen". Er bevorzugt Fisch, Eier, Gescheide, Geflügel, Mäuse und Ratten sowie Kaninchen.

Dachs

Der Dachs ist ein Allesfresser wie das Schwein. Er ist bei der Nahrungsaufnahme nicht wählerisch: ob Käfer oder Regenwürmer, Eier oder Jungtiere, Mais, Hafer oder Mäuse, auch Obst, wenn es süß ist, wie Zwetschken, Birnen, Äpfel, Kirschen u. Ä. – alles wird dankbar angenommen. Gerne kommt er auch zu Wildfütterungen.

Hermelin

Das große Wiesel wird in erster Linie in Wippbrettfallen gefangen; wird einmal eines in so einem Fanggerät gefangen, so gibt das Witterung ab und es fangen sich auch die nächsten. Hauptnahrung des Hermelins sind Mäuse. Sind diese aber rar, so wird alles bis Kaninchengröße angegriffen.

Rationeller Einsatz der Fanggeräte

Es gibt eine Möglichkeit, um seine Geduld nicht unnötig strapazieren zu müssen, falls einmal ein Stück verprellt wird und den jeweiligen Fangplatz länger meidet. Man legt für jedes Eisen bzw. jeden Schwanenhals 2–3 Fangplätze an, mit allem Drumherum, um Ausweichmöglichkeiten zu haben. Denn in der Hauptsaison, von Anfang November bis zum Beginn der Ranzzeit um Weihnachten, muss man seine Möglichkeiten voll ausnützen.

Hat man einen Fuchs gefangen, legt man den Schwanenhals sofort wieder. Denn wo man einen Fuchs fängt, ist auch die Chance, weitere zu fangen, recht groß, und wenn sich der Platz nicht zu sehr verändert, fängt man hier ein Leben lang. Geht ein Fangplatz in einem Jahr nicht ganz so gut, rückt man zum nächsten Fangplatz (Kirrplatz) vor, der gut angenommen wurde. Mehrere Fangplätze bieten auch den Vorteil, dass mit verschiedenen Kirrungen gearbeitet und der Fuchs so ausgetestet werden kann. Auch bei wechselnder und ungünstiger Witterung hat man dann Ausweichmöglichkeiten. Wenn stärkerer Frost einsetzt, vom Feld auf den Misthaufen z. B., denn unser Misthaufen, auf den oben das Eisen hinkommt, dampft dort besonders gut und gefriert lange nicht.

Auch Sicherheitsgründe spielen eine große Rolle, um stets Reservefangplätze anzulegen. Denn wird ein Fangplatz von anderen Personen entdeckt, ist er meist für länger oder gar nicht mehr verwendbar. So aber weicht man aus, und der Fang kann ohne große Verzögerung weitergehen. Die Grundstrategie: viele Fangplätze – wenig Eisen tatsächlich scharf, dient damit der Fangsicherheit. Auch überblickt man größere Revierteile und stellt fest, wo der Fuchs an die Fangplätze geht, ohne täglich revidieren zu müssen. Durch das Anlegen vieler Fangplätze und deren Beobachtung wird das Auge für gute Fangplätze zusätzlich geschärft.

Ab und zu gibt es auch Zufallsfänge, sogenannte Eintagsfliegen, die einen anschließend auf die Geduldsprobe stellen.

Drei Wochen beträgt aber die Mindestzeit, während der man ein Fanggerät auf seinem Platz scharf liegen oder stehen lassen sollte. So gesehen ist die Geduld die entscheidende Waffe, um als Fangjäger erfolgreich zu sein.

Nebenarbeiten und Hilfsmittel bei der Fangjagd

Unter Nebenarbeiten versteht man das Überprüfen der Fanggeräte auf ihre Funktion. Dazu zählt in erster Linie das Ausprobieren aller beweglichen Teile auf ihre Leichtgängigkeit, insbesondere der Sicherungen. Auch die Kanten, wo der Abzug einrasten soll, sind zu kontrollieren. Im Zweifelsfall ist bei rostigen Teilen mit einer kleinen Feile etwas nachzuarbeiten. Besonders zu prüfen ist auch die Funktion von Stellschrauben. Auch zwischen den Federn in den engen Bereichen nahe der Mittelschraube sollte man etwaigen Schmutz sorgfältig entfernen, da die Federn sonst extrem überspannt werden und bei starken Temperaturschwankungen leicht brechen können. Wenn ein Stück Raubwild zu einem solchen Fanggerät kommt, das ganz verrenkt dasteht, wird es leicht verprellt und man hat für längere Zeit wieder eine Chance weniger.

Sind die Fanggeräte in Ordnung, dann werden die Eisen gespannt und die Abzugbrocken befestigt. Dies erfolgt nie am Fangplatz, sondern immer abseits davon, am besten auf einem Weg, da man eine feste Unterlage benötigt, um die Eisen spannen zu können. Praktischerweise kann man im Revier an zentraler Stelle oder auch in der

Nähe jedes Fangplatzes ein Brett mit 3–5 cm Stärke und ca. 1 m Länge versteckt deponieren. Das ist auch beim Entnehmen des gefangenen Raubwildes sehr hilfreich.

Ich selbst habe auf jedem Fangplatz auch einen massiven Knüppel oder einen 12 mm starken und 60 cm langen Betoneisenstab. Hat man einen unvorhergesehenen Fang und kein Gewehr oder keine Faustfeuerwaffe bei sich, so ist man auf jeden Fall gerüstet. Einen harten Schlag mit dem Stab über den Nasenrücken oder zwischen die Gehöre, und jedes Raubwild verendet wie mit einem Schuss.

Die Abzugbrocken werden wie beschrieben abseits beim Spannen befestigt. Die „Animierbröckerl" hat man am besten in einem kleinen Plastikeimer mit Deckel. Zum Anfassen der Köder verwende ich eine Art „Gurkenzange". Ein 4–5 cm breiter Blechstreifen aus rostfreiem Stahl in U-Form, beide Greifarme am Ende ca. 3–4 mm aufgebogen. Mit einer Dreikantfeile einige Zacken eingefeilt, und man hat ein perfektes „Krokodilgebiss", das jeden Köder sicher hält und greift. Überdies ist es rostfrei und auch leicht zu reinigen. Die Länge der „Gurkenzange" beträgt ca. 30 cm und die gestreckte Länge des Blechstreifens ca. 70 cm.

Auch für Abzugeisen mit Köderzange gibt es eine wesentliche Verbesserung, die ich schon lange weiterempfehle, da sie für einen sicheren Fang entscheidend ist. Ganz besonders auf dem Feld, wo der Fuchs nur sehr selten absolut richtig über das Eisen kommt. Manche Abzugeisen, vor allem älterer Fabrikate, haben einen zu langen Weg, bis sie auslösen, bei extremen Fällen bis zu 7 cm. Da sind Fehlfänge schon vorprogrammiert. Daher habe ich einen ganz kurzstehenden Abzug ausgetüftelt, der nur 2 cm Weg braucht, um auszulösen. Das heißt, wenn der Fuchs den Köder aufnimmt, ist sein Kopf so nahe am Boden, dass, selbst wenn der Schwanenhals mit minimaler Verzögerung durch Frost, Deckmaterial oder Ankleben an der Erde hochkommt, die Bügel sicher greifen. Hier entscheidet jeder Zentimeter. Der Kurzabzug braucht aber unbedingt eine Stellschraube zum Einstellen des richtigen Abzugwiderstandes, denn sonst würde der Abzug zu schwer weggehen. Der Kurzabzug ist von jedem Bastler leicht selbst anzufertigen und anzuschweißen, ansonsten kann jeder Schlosser so einen Umbau vornehmen. Der zweiteilige Blitzabzug, z. B. der Fa. Weißer, ist so fangsicher, weil er, ob fein oder stärker eingestellt, extrem kurz steht.

Interessant ist auch, sich über längere Perioden genaue Notizen über Fangplatz, Fanggerät, Art des Stückes und Fanges, Wetter sowie Jahreszeit anzulegen. Ich selbst habe seit 1971 alles genau notiert. Eine Überlegung wert wäre auch, die Fehler aufzuschreiben, die einem passieren, besonders auch die Fehlfänge. Ich möchte aber auch darauf hinweisen, dass es Fälle gibt, wo nach herkömmlichen Erfahrungen alles gepasst hätte und bestens vorbereitet war und man auf solchen Plätzen dennoch kein Stück fängt. Meist gibt es dafür keine logische Erklärung. Fängt man auf einem Platz drei Jahre kein Stück, so kann man ihn aber sicher vergessen.

Ein ganz besonderes Hilfsmittel für die Fähigkeit eines jeden Fanggerätes ist das Durchführen einer Schleppe. Regelmäßig geschleppt, mindestens einmal die Woche, kann gewaltig nachhelfen, erfolgreich zu sein, auch wenn sich die Fangplätze z. B. aus Sicherheitsgründen nicht im optimalen Bereich befinden. Am besten werden frisches Hasengescheide oder auch Teile von Aufbrüchen an einer 2–3 m langen Schnur oder einem Draht befestigt nachgezogen, aber nie über den Fangplatz, sondern nur nahe daran vorbei (ca. 2–3 m). Sehr einfach und wirksam kann man auch mit dem Traktor oder Auto mit Anhängevorrichtung auf Forststraßen und Waldwegen einen größeren Bereich abschleppen, wobei man selbst nicht viel Spur hinterlässt. Aber immer einige Kirrbrocken mitnehmen und auch vom Auto aus auf die Fährte (Schleppe) fallen lassen, damit das Raubwild auch gelegentlich etwas findet. Praktischerweise kann man seinen Ködereimer auch auf der Anhängevorrichtung aufhängen, so hat man im Auto keinen „Fremdgeruch". Aber nicht vergessen „abzutakeln", sonst steht man am nächsten Tag mit seiner „Witterungsbombe" vor dem Supermarkt oder am Firmenparkplatz. Ist alles schon da gewesen!

Für die Schleppe eignet sich auch ein halber Hase, der an einer alten Hundeleine angeknüpft und mit dem Karabiner am Rucksackträger angehängt wird, bestens. Fische eignen sich ebenso recht gut zum Schleppen. Man kann die Schleppe auch zusätzlich mit Koch- oder Pökelsalz versehen.

Wie gut die Schleppen wirken, hängt auch vom Wetter ab, wie das Wetter generell das ganze Jahr über bei der Fangjagd ganz wesentlich mitentscheidend für den Erfolgt ist.

Auch der Wildstand, besonders der Niederwildstand, entscheidet über den Erfolg. Ist der Tisch dauernd durch Fallwild reichhaltig gedeckt (Straßenverkehr, Landwirtschaft), kann die Fangjagd nie so erfolgreich sein wie in sehr schwachen Revieren. Oft verzweifeln manche zu rasch, da sie trotz großer Bemühungen wenig Erfolg haben. Weshalb? Denn eines sollte jedem klar sein: Was man nie beeinflussen kann, ist, ob das Raubwild mit vollem oder leerem Magen am Fanggerät vorbeikommt! Das ist ein Punkt, der den Fangjäger erzieht, und zwar zu folgendem: Geduld, Geduld, Geduld! Wer sie beherrscht, der ist erst ein wahrer Fangjäger.

Die Revierübergreifende, organisierte Bejagung des Raubwildes

Nutzt man entsprechende Wetterlagen und sonstige günstige Rahmenbedingungen aus, kann man mit etwas Glück in ganz kurzer Zeit gehörige Strecken machen. Gute Wetterlagen sind nach tagelangem Schlechtwetter die erste ruhige Nacht. Auch im Jahreskreis gibt es ganz erfolgsträchtige Abschnitte. Besonders hervorzuheben ist die Zeit nach der Fuchsranz bis Ende März. Wie ich immer sage, wenn „halb hinum – halb herum ist", das heißt, wenn die Schneeschmelze voll im Gang und es schon halb aper ist. Kommen dann die ersten lauen Nächte im März, kann man in drei Wochen Strecken machen, und zwar Tag und Nacht, die man sonst in Monaten oft nicht schafft. Die Strecken sind da besonders bunt. Dies ist auch die Zeit, wo jedes taugliche Fanggerät noch einmal zum Einsatz kommt. Dabei sind 20–30 Fanggeräte aller Art kein Luxus.

Spezielle Aktionen plant man wie folgt: Am besten es tun sich fünf Jäger, die Zeit haben, zusammen. Der erfahrenste Raubwildjäger sucht die potentiellen Fangplätze, teils bekannte, teils aus dem

Stegreif. Zwei Jäger legen die Eisen und stellen die Lebendfanggeräte auf. Ein Jäger geht mit einer guten Schleppe (zerfahrener Hase, Kern vom Bisam) einen größeren Revierteil ab und kommt zuletzt bei allen Fanggeräten vorbei. Die beste Zeit dafür ist von Samstag auf Sonntag, wo es am Morgen doch eher ruhiger ist. Am frühen Morgen fährt der Revierinhaber oder jemand, der Zeit hat, ins benützte Revier und sammelt alle Fanggeräte wieder ein.

Auch gute frische Köder spielen eine große Rolle, daran sollte nicht gespart werden. Bei einer solchen Aktion spielen das Glück und der Zufall natürlich auch stets mit. Man kann aber auch einen totalen Flop erleben, dies ist aber eher selten. Häufiger dagegen gibt es gute bis ungeahnte Erfolge, denn ganz neue, nie dagewesene Gegebenheiten machen das Raubwild manchmal auch neugierig, so dass manch „Leckermäulchen" am nächsten Tag am Haken vor dem Heim des Fangjägers hängt. Auf diese Weise kann man überschaubare Revierteile kurzfristig intensiv betreuen und vor allem das allgemeine Sicherheitsrisiko ganz minimal halten, dies auch an Fangplätzen, die man sonst schlecht ausnützen kann, obgleich sie strategisch sehr gut geeignet wären.

Ganz besonders gut bewährt sich auch eine „Trapline". Man besetzt einen Revierteil in einer Linie mit einer größeren Anzahl von Fanggeräten, wobei die Fanggplätze schon länger vorbereitet wurden. Man geht dabei bewusst den Nachteil ein, dass sich nicht jedes Fanggerät auf einem erstklassigen Platz befindet. Ein Beispiel: drei Fanggeräte auf Superplätzen, vier Stück auf guten Plätzen, drei Stück auf gelegentlichen Erfolgsplätzen. Aber die Menge macht den Erfolg! Ein Hauptvorteil ist die leichte Kontrolle auf einer Linie in ganz geringer Zeit. So rückt man mit seiner „Trapline" von einem zentralen Punkt im Revier sternförmig im Kreis weiter. Je nach Größe des Reviers stößt man alle 1–3 Jahre auf dieselbe „Trapline".

Mit dieser Strategie fangen auch viele Berufstrapper in Kanada, die für unsere Begriffe für riesige Gebiete ihre Fanglizenz haben, z. B. 60 Meilen Trapline, ca. 100 km.

Sehr wichtig ist auch, dass man seine Fanggeräte kontrollieren kann, ohne direkt an sie herangehen zu müssen. Es gibt eine Menge Methoden zur Kontrolle. Am einfachsten, man sucht einen Punkt, von dem aus man das Gerät einsieht. Wenn nötig, putzt man unauffällig eine kleine Schneise aus. Meist muss nur dort und da ein Ästchen oder Halm weg, oder man hat bei Fanggeräten, die sehr verbaut sein müssen, einen „Anzeiger", sei es einen Signalstab oder eine Schnur oder eine Schnur, an einen dünnen Zweig gebunden, den es niederbiegt. Sehr gut bewährt sich eine Angelschnur aus Kunststoff, diese ist so gut wie unsichtbar. Es gibt diesbezüglich viele Möglichkeiten mit einfachen Hilfsmitteln. Auf alle Fälle sollte so ein „Anzeiger" mit dem Fernglas sicher zu erkennen sein, idealerweise auch vom Fahrzeug aus. Jegliche Jagd sollte zu Fuß ausgeübt werden, da man sonst das Wesentliche immer übersieht. Nur zur Kontrolle der Fanggeräte ist ein Fahrzeug zu akzeptieren. Denn mit einer aufwändigen Fallenkontrolle fangen oft die Nachlässigkeiten an, die später allen Fangjägern sehr schaden können.

Die Ansitzjagd kann man ebenso aktionsmäßig betreiben wie die Fangjagd. Nur sind die Vorarbeiten hier im Verhältnis minimal. Es geht nur darum, dass in einem Revierteil oder auch im gesamten Revier an einem vereinbarten Stichtag und Zeitpunkt möglichst viele Jäger zugleich ansitzen. Dies soll in erster Linie an bestehenden, laufend beschickten Luderplätzen sein. Aber auch jede sonstige einigermaßen wintertaugliche Kanzel sollte besetzt werden, denn das „Netzwerk" ist der Schlüssel zum Erfolg. Wesentliche Voraussetzungen sind auch das richtige bis optimale Wetter sowie die Rahmenbedingungen, etwa die Ranzzeit. Das „großflächige Denken", wie ich es immer nenne, habe ich schon vor vielen Jahren propagiert, aber erst in den letzten paar Jahren wird diese Idee immer mehr aufgegriffen. Das gilt sowohl für die Ansitz-, als auch für die Fangjagd, die aber durch den Gesetzgeber in vielen Regionen stark eingeschränkt oder ganz verboten wurde. Da die negativen Auswirkungen dieser Entscheidungen aber häufig immer mehr Reviere und Schutzgebiete unter Zugzwang bringen, hat die aktionsmäßige Bejagung großen Auftrieb erhalten. Das geht zum Teil schon bis auf Hegeringebene so über 5–8 Gemeindegebiete mit ca. 10.000–15.000 ha Fläche Durchschnitt. Da können sich die Strecken schon sehen lassen.

Weil eine Fangjagd durch die dichte Besiedlung in vielen Gegenden fast unmöglich wurde, andererseits sich aber der Marder gerade dort besonders ungestört vermehrt und von da aus die umliegenden Revierteile besucht, kann hier nur die Ansitzjagd Abhilfe schaffen. Sie ist besonders erfolgreich, wenn der Marder im Gebäude sicher bestätigt ist. Auch am Tag lohnt es sich fast immer, mit einem erfahrenen Hund den Marder aus einem Gebäude zu sprengen. Ebenso erfolgreich kann auch die Baujagd aktionsmäßig über einige Reviere betrieben werden. Für einen erfahrenen Bauhundeführer und seinen erfahrenen „Haudegen" ist es kein Kunststück, 5–6 Füchse an einem Tag zu sprengen, wenn genügend Baue in einer Gegend sind. Solch eine Baujagd müssen aber stets erfahrene Jäger begleiten. Mit „Greenhörnern" kommt man kaum zu richtigen Erfolgen, ebenso wenig mit ungeduldigen Hektikern. Es werden winterfeste, zähe Kameraden benötigt, die nach längerem Warten von 1–2 Stunden noch konzentriert aufpassen und in unvorhersehbaren Situationen durch ihre Schießfestigkeit eine Baujagd zum Erfolg werden lassen.

Tipp

Erfahrene Baujäger und Berufsjäger, die ich kenne, haben bei der Baujagd eine Selbstladeflinte. Jeder Baujäger, der schon öfter an der Jagd teilgenommen hat, weiß, wie schnell im dicht bewachsenen Gelände, meist noch dazu auf kurze Entfernungen, zweimal danebengeschossen wird. Da bringt die „Reserve" oft erst den Erfolg, auf kurze, aber auch weitere Entfernungen.

Fuchsbaue sind, wie man weiß, fast nie in einem schützenfreundlichen Gelände. Baujagd ist keine Treibjagd, 4–5 Jäger sind die optimale Besetzung. Logischerweise hat ein gut eingearbeitetes Team die besten Erfolgschancen. Das heißt aber nicht, keinen Neuling mitzunehmen, im Gegenteil: Möglichst viele Jäger einer Jagdgesellschaft sollten alle Jagdarten gut beherrschen. Der Hauptvorteil der aktionsmäßigen Bejagung ergibt sich aus den Mottos: „Die Menge machts!" und „Das Netzwerk machts!"

In den letzten Jahren sind in unserer Gegend in Oberösterreich auch sogenannte „Raubwildjäger-Stammtische" entstanden, und zwar weit übergreifend über Gemeinde, Hegering und sogar Bezirke (Kreise). Es gibt dabei keinen Terminplan, außer dass sich einige kompetente Leute zu bestimmten Zeiten zusammentun, das Übrige ergibt sich durch Mundpropaganda. Es soll ja auch kein Massenauflauf werden, sondern höchstens 20–30 Jäger betreffen. Solche Stammtische finden auch nicht jedes Mal am selben Ort statt. So fährt jeder einmal etwas weiter oder hat es etwas näher. Bei so einem Stammtisch geht es immer um den allgemeinen Erfahrungsaustausch, und es wird jede gute als auch schlechte Erfahrung detailgetreu weitergegeben. Überdies wird auch immer gesorgt, dass Neulinge, vor allem eifrige Jungjäger, in diesen Kreis mitgenommen werden. So ist jeder vertreten, vom Hegeringleiter, Jagdleiter, Bauhundeführer, bekannten Experten bis hin zum Jungjäger. Es werden auch neue Fanggeräte mitgenommen und erklärt. Es finden sich auch erstklassige Fallenbauer, die beraten und meist aus entsprechenden Handwerksberufen kommen. Vor allem auch jagende Bauern und Grundbesitzer berichten von ihren Aktivitäten auf dem eigenen Grund, z. B. über die Anlage von Kunstbauen oder von Rohrsystemen zum problemlosen Einbau von Durchlauffallen. Außer um Raubwild geht es hier auch um alle Rahmenbedingungen, die diskutiert werden, wie Lebensraumverbesserung sowie schonende alternative Landwirtschaft, zumindest in bestimmten Revierteilen. Auch werden von den „Aktivisten" der Stammtische nichtjagende Landwirte in diesem Sinn animiert. Flächen für Brachen, Hecken und Feuchtbiotope werden zur Verfügung gestellt, und die Erfolge können sich sehen lassen.

Jagd ist angewandter Naturschutz! Dieser Satz wurde vor 25 Jahren geprägt, zuerst belächelt und später massiv von Jagdgegnern angefeindet. Gerade die letzten Jahre beweisen, dass der Grundgedanke dieses Satzes sehr wohl seine Richtigkeit hat. Schon alleine, weil durch Förderungsmaßnahmen ganz neue Biotope entstanden sind, die durch entsprechende allgemeine Hege und gezielte Raubwildbejagung zur Entfaltung kommen. Seltene oder gar nie dagewesene Tierarten sind wieder zu sehen und eingewandert, z. B. in unserer Gegend Eisvogel, Kiebitz, Uhu und Zwergschnepfe. Auch die Rebhühner erholen sich wieder, von Eichhörnchen ganz zu schweigen, die schon sehr selten waren und heute wieder zahlreich vorhanden sind.

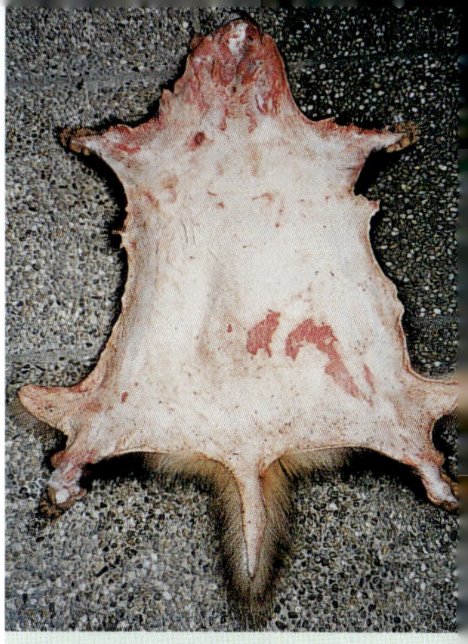

Das Abbalgen und Abschwarten

Das Raubwild wird in der Regel abgebalgt, nur der Dachs wird abgeschwartet. Will man bei den Pelzen gute Qualität erzielen, so ist es besonders wichtig, dass man nicht vor Mitte November mit dem Fang beginnt und diesen Ende Jänner wieder beendet. Zu dieser Zeit ist die Fellqualität am besten. Das Abbalgen gelingt auch am besten, je frischer das erlegte oder gefangene Raubwild ist.

Beim Fuchs ist besonders beim Abbalgen auf Hygiene zu achten. Füchse, die z. B. keinen einwandfreien Balg besitzen (Kahlstellen, Verletzungen), sind der Kadaververwertung zuzuführen. Beim Abbalgen ist man gut beraten, Gummihandschuhe (eventuell Mundschutz) zu verwenden. Man sollte aber keine übertriebene Angst vor dem Abbalgen haben, doch ein gesundes Maß an Vorsicht ist sicher angebracht. Die Schnittführung ist aus der Skizze ersichtlich und gilt für alle Arten des Raubwildes, ausgenommen den Dachs. Dieser wird auch auf der Bauchseite bis zum Kinn aufgeschärft und anschließend abgeschwartet.

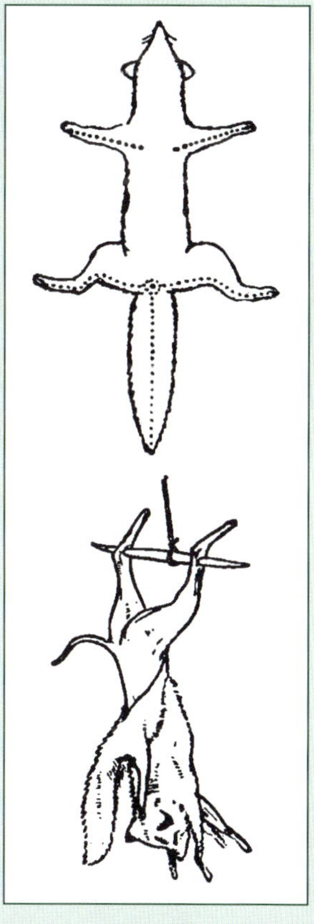

Beim Abbalgen ist immer mit großer Sorgfalt zu arbeiten. Schnitte und Risse sollten weitgehend vermieden werden. Auch Fleischreste dürfen nicht mehr auf der Haut anhaften, denn diese gehen rasch in Fäulnis über. Dies hat zur Folge, dass das Fell an dieser Stelle beim Gerben haarlässig wird, d. h. das Fell verliert die Haare und es entstehen kahle Stellen. Um einen ansehnlichen Balg zu erzielen, werden auch die Pranten sauber ausgelöst. Die Rute wird mit einem Trick (Wäscheklammer, Strick oder Zange) von der Rübe befreit und sodann mit einem scharfen Schnitt aufgeschnitten. Beim Fuchs werden auch die Gehörknorpel ausgelöst. Ein sauber abgezogener Balg erzielt immer einen besseren Preis als ein mangelhafter. Lässt man sich einen Balg für den Eigenbedarf gerben, hat man an einer sorgfältigen Arbeit sicher ebenso seine Freude.

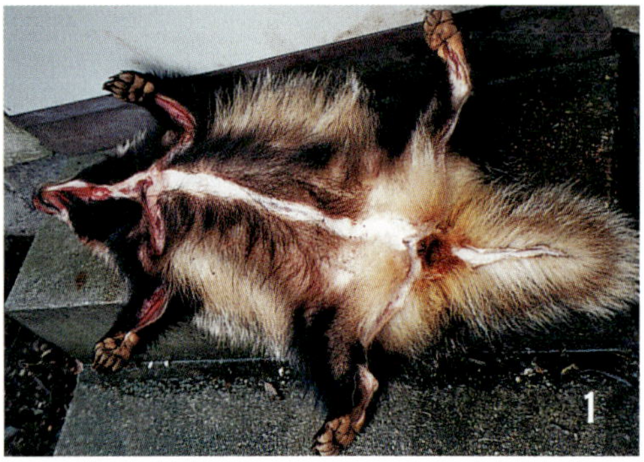

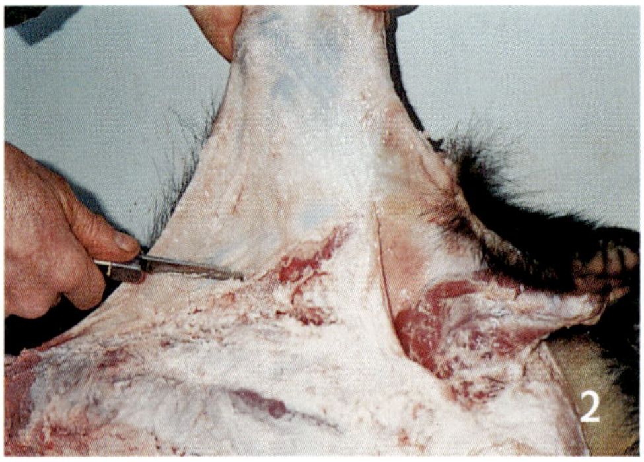

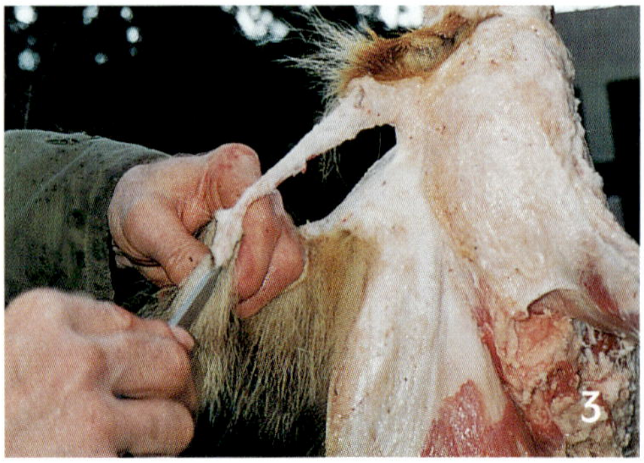

Links oben: Die Schnittführung beim Abschwarten des Dachses

Links Mitte: Beim Abschwarten muss alles abgeschnitten werden.

Links unten: Auslösen des Bürzels

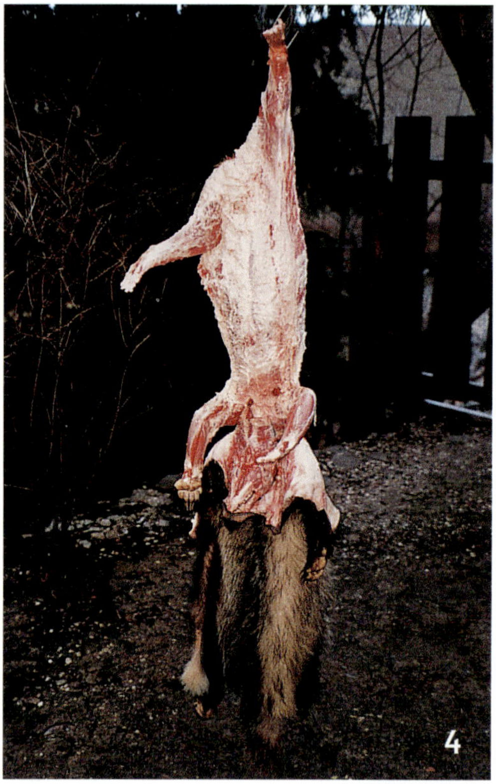

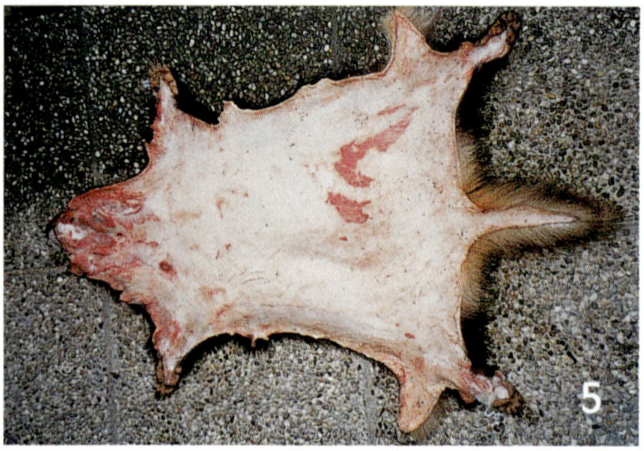

Rechts oben: Fast fertig

Rechts unten: Die Schwarte wird innen kräftig gesalzen und anschließend zusammengerollt.

Früher wurden alle Felle aufgespannt und getrocknet. Heute sind viele Gerbereien dazu übergegangen, gut gesalzene und anschließend zusammengerollte Ware zu übernehmen. Falls man keine Gerberei in der Nähe hat, kann man das gut gesalzene Paket auch einige Zeit einfrieren.

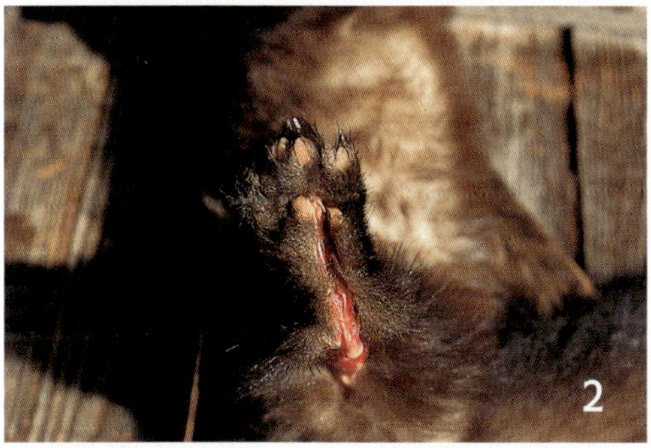

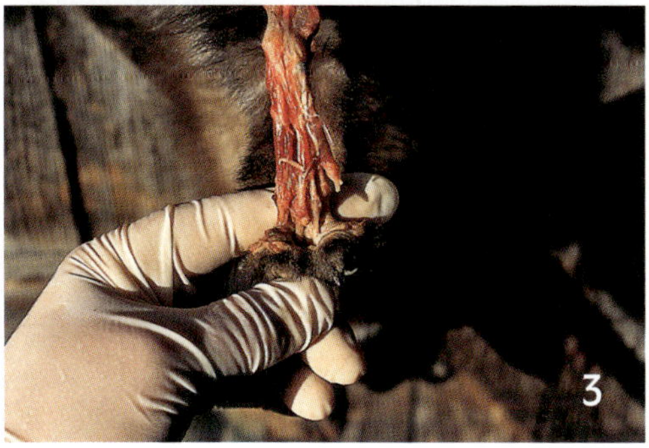

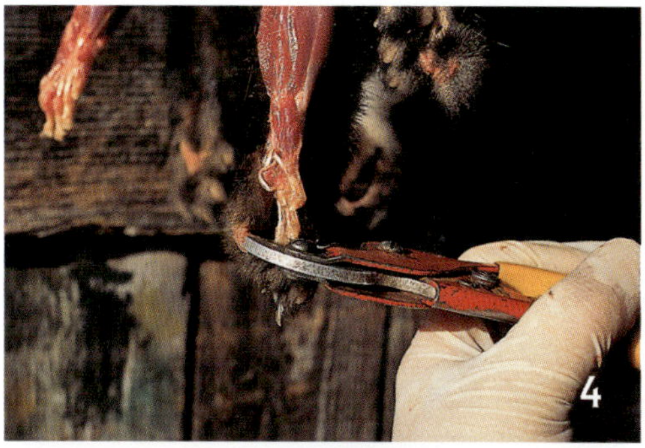

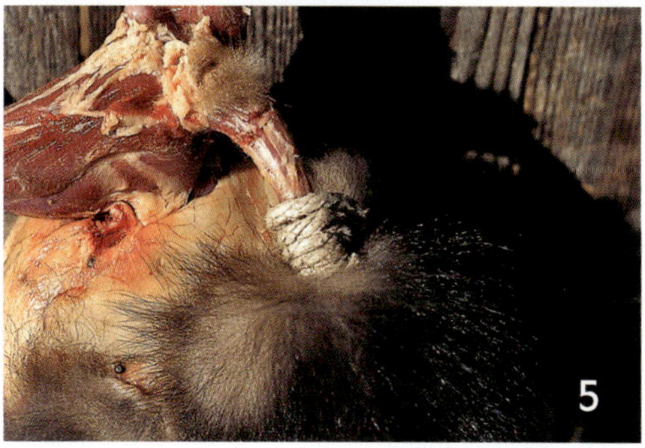

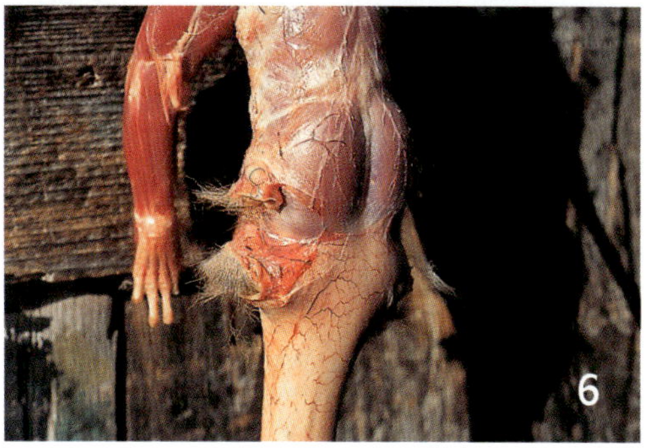

Links oben: Abbalgen des Marders – Schnitt von der Sohle bis zum Waidloch

Links Mitte: Der Schnitt an der Sohle muss ganz vorsichtig geführt werden.

Links unten: Die Pranten werden sorgfältig ausgelöst.

Rechts oben: Die Zehenknochen am besten mit einer Gartenschere abzwicken

Rechts Mitte: Das Abziehen der Lunte geht am besten mit einer dicken Schnur.

Rechts unten: Die Gehöre innen abschneiden und später die Knorpel mit einer Zange abziehen

- Wassergraben im tiefen Wald
- Winterfütterung
- Baumstock
- Im Wald gelagertes Altholz
- Wassergraben im Wald
- Trockener Entwässerungsschacht
- Stock als Bunker
- Verfallenes Bauernhaus
- Hüttenboden mit Gerümpel
- Einsame Hütte im Wald oder in der Landschaft
- Gittermast mit Hecke in der Landschaft
- Brücke über Fließgewässer
- Holzlagerplätze
- Forstweg und Schacht
- Übergang über tiefer liegenden Schacht
- Abgedeckter Holzstoß
- Fütterung im tiefen Wald
- Hühnerleiter
- Rohrdurchlass

Fangplätze

(Erstellt unter Mitarbeit von Philipp Schartmüller und Lois Wageneder)

Im folgenden Kapitel werden genau jene Stellen im Revier unter die Lupe genommen, an denen es sinnvoll ist, Fangjagd zu betreiben. Diese Fangplätze findet man praktisch in jedem Revier. Um ein Gespür bzw. Auge dafür zu bekommen, wo sich solche Fangplätze im Revier befinden, soll dieser Katalog einen kurzen Überblick bieten.

Es werden auch mehrere Beispiele gezeigt, in denen verschiedene Methoden und Fanggeräte für bestimmte Orte angewendet werden. Der Fangplatz ist sozusagen die Arena des Raubwildjägers, der Ort, an dem letztendlich über Erfolg und Misserfolg entschieden wird.

Deshalb sollte der Raubwildjäger sein Revier genauestens kennen. Vor allem sind es die Erfahrungswerte bzw. ein geschultes Auge, das für das Aussuchen bzw. Finden eines sinnvollen Fangplatzes notwendig ist. Um Gespür und Verständnis für die Sache zu bekommen, zeigen wir im folgenden Kapitel einige Fangplätze und Methoden, um Raubwild erfolgreich mit der Falle zu bejagen.

Wassergraben im tiefen Wald

1. Über diesen Wassergraben geht ein starker Wechsel. Der Wind streicht dort meist nach unten. Der Graben wurde von der Natur her so gelegt, dass ihn sogar wochenlange Frostperioden nicht zum Gefrieren brachten.

2. Hier wurde ein sogenanntes Fangbecken angelegt und ein 46er Schwanenhals aufgerichtet. Als Köder wurde ein Hasenkopf verwendet. Natürlich sind die jeweiligen Fangjagdbestimmungen der Bundesländer zu beachten.
3. Das Besondere an diesem Fangplatz ist der zum Graben hin überhängende Wurzelstock. Er kann natürlich zum Ankirren verwendet werden. Vor allem ist diese Stelle sehr dankbar, da das Raubwild den Antrittstein von einer sehr flachen Stelle her betreten kann.
4. Zeigt das Fangbecken genauer, und zwar sind die Bügel schön mit Wasser bedeckt und es wurden mehrere Steine zum Aufstauen verwendet, da sich der Wasserstand in fließenden Gewässern natürlich durch Niederschlag oder Schneeschmelze andauend ändert. Somit kann der Wasserstand durch Wegnehmen eines oder mehrerer Steine beliebig geregelt werden.
5. Hier kann man durch die leichte Neue den Wechsel erkennen. Der Wind kommt meist von oben, dadurch nimmt er die Witterung des Fangplatzes direkt zum Wechsel mit. Fazit ist, dass man bei längeren Frostperioden Bäche bzw. wasserführende Gräben abgehen sollte, um zu schauen, wo die Wasserflächen nicht zufrieren. Sinn machen diese Begehungen erst, wenn fast alle Wasserflächen zugefroren sind. Wenn sich bei den nicht zugefrorenen Flächen noch ein Wechsel befindet, dann sollte das Fangjägerherz keine Stunde zögern und eine dementsprechende Reviereinrichtung installieren.

1

2

3

Weitere Abbildungen auf der nächsten Seite

Winterfütterung

1. Wenn Notzeiten sind, zieht nicht nur das Schalenwild zu den Winterfütterungen, sondern auch jegliches Raubwild und Raubzeug. Da dort trockene Unterstände angelegt sind, besuchen auch Mäuse die Futterstellen. Im Hintergrund ist eine sogenannte „Wageneder-Lois-Eiernestfalle", die lebend fängt, zu erkennen.
2. Diese Eiernestfalle dient nur als Beispiel, man kann natürlich auch unter Fütterungen Durchlauffallen installieren. Beködert man diese auch noch ordentlich mit Leckerli, bleibt der Fangerfolg sicher nicht aus.

Noch ein Beispiel einer Winterfütterung, die Rückseite schreit förmlich nach einer Durchlauffalle. Man muss die Falle natürlich anständig verblenden, dass man sie nicht schon von weitem sieht. Jedenfalls gibt es wenige Fangplätze, wie Winterfütterungen, wo man leichter Marder und Raubzeug bejagen kann, da diese zu Notzeiten immer ein Magnet für alles Raubwild sind (Abb. 3).

Baumstock

Auch ein Geschenk der Natur für den Raubwildjäger. Vor allem ist diese Eintiefung staubtrocken und schneefrei. Hier bietet sich mit Sicherheit ein Abzugeisen an.

Vor allem kann man den Stock selber mit Hasenfett einschmieren. Hasenfett hat einen ganz intensiven Geruch und ist lange anhaltend. Ich persönlich sammle auch gerne beim Auswerfen der Hasen den Schweiß auf und bestreiche damit die am Fangplatz umliegenden Bäume. Es entsteht ein Klima, welches das Raubwild im Umkreis magnetisch anzieht.

Im Wald gelagertes Altholz

Hier handelt es sich um alte Bahnschwellen, die einen idealen Fangplatz für Durchlauffallen jeglicher Art darstellen. Da solche Objekte dazwischen immer trockene Stellen haben, werden sicher auch Mäuse dort nach Fressbarem suchen. Man kann natürlich mit Getreide nachhelfen oder das Raubwild mit Leckerli ködern, indem man diese in den Zwischenräumen ausbringt.

Ich persönlich arbeite bei solchen Stellen schon in den Sommermonaten gerne mit dem Hühnerei, indem ich es in den Zwischenräumen des Stapels lagere. Wird es regelmäßig angenommen, sollte man die Durchlauffalle mit einem Ei beschicken. Voraussetzung ist, dass ein solches Fanggerät aufgestellt ist. Besser ist es aber, wenn man ein Ei ans eine Ende der Durchlauffalle legt und das „fängige" auf das Trittbrett. Mit ein wenig Waidmannsheil wird der Marder bald darinnen sitzen.

Wassergraben im Wald

1. Durch einen Windwurf hat es einen Wurzelstock ausgehoben und bietet schon einmal gute Gelegenheit zum Kirren. Zum Glück führt unterhalb des Grabens ein Wechsel vorbei. Obwohl wochenlang Temperaturen weit unter null waren, ist dieses Bächlein nicht zugefroren. Darum sollte man, wenn Frostperioden länger andauern, die Gelegenheit nützen und Reviergänge an Gewässern machen und schauen, welche eisfrei sind. Diese Stellen sollte man natürlich zum Fangen nützen, da sich das Raubwild ständig, vor allem in Notzeiten, entlang von Bächen und Flüssen bewegt.
2. Gleich rechts neben dem Wurzelaushub wurde ein Fangbecken angelegt. Zum Aufstauen werden immer mehrere Steine verwendet, um bei unterschiedlichen Wasserständen durch Niederschlag die Wassertiefe gut regulieren zu können. Dort sollte ein Schwanenhals, als Köder ein Hasen- oder Entenschädel, zum Einsatz kommen.

Trockener Entwässerungsschacht

1. Trockene Entwässerungsschächte sollten immer als Fangmöglichkeit genützt werden, da das Raubwild gerne einmal darinnen eine Maus fängt. Man kann diese Schächte auch beködern. Voraussetzung ist, dass kein Mensch in das Fanggerät kommt. Darum sollte man bei solchen Unternehmen äußerst vorsichtig umgehen!

2. Wie man gut sehen kann, wurde in den Schacht eine 18er- SuperX-Falle in einen Rahmen eingespannt. Springt das Raubwild hinein, streift es mit hundertprozentiger Sicherheit am Auslösemechanismus an und die Bügel werden mit blitzartiger Geschwindigkeit ausgelöst. Wenn man SuperX-Fallen sorgfältig einbaut, gibt es beinahe keine Fehlfänge.

2

Stock als Bunker

1. Es gibt im Wald, wenn man die Augen offen hält, viele Möglichkeiten, Fanggeräte zu integrieren, wie zum Beispiel in einen alten Wurzelstock. Da diese überhängenden Wurzelstöcke eine Art Dachfunktion haben, ist es unter diesen Nischen fast bei jeder Witterung staubtrocken. Man kann im Nahbereich das ganze Jahr über ankirren, da meist andere Wurzelstöcke in solchen Bereichen zu finden sind.
2. In diesem speziellen Fall haben wir einen Schwanenhals in 90-Grad-Stellung gelegt und mit einer Wippe versehen.
3. Hier ist der Zugang zu sehen. Dieser ist so groß gewählt, dass auch noch der Dachs schliefen kann. Natürlich kann man ihn mit ein bisschen Geschick soweit reduzieren, dass nur noch der Marder hinein kann.
4. Die Wippe wird mit Einstreu gut verblendet, so dass eine halbwegs ebene Fläche entsteht.
5. Der Eingang sollte halbwegs verblendet sein, denn gute Tarnung ist eines der wichtigsten Elemente bei der Fangjagd.
6. Der „ Bunker" muss anständig mit Folie abgedeckt und mit Brettern oder anderem Gerümpel beschwert werden. Nur so ist die Fangeinrich-

1

2

3

tung vor unerwünschten Entdeckern und Zerstörern gesichert. Beködert wird diese Fangeinrichtung in erster Linie mit Getreide. Es wird in kürzester Zeit nur so von Mäusen wimmeln. Der beste Köder ist eben einmal der lebende. Natürlich kann er hin und wieder mit anderen Leckerli beschickt werden.

Verfallenes Bauernhaus

1. Das reine Paradies für Marder und alles sonstige Raubwild, da es hier hunderte Möglichkeiten gibt, um Deckung zu suchen. Außerdem bieten die Balken ideale Möglichkeiten, um jegliche Fallen, wie Durchlauffallen und dergleichen, mit Conibeareinsatz zu installieren. Natürlich ist eine Beköderung immer von Vorteil.

2 + 3. Ein Laufgang, der vielleicht etwas schwer zu erkennen ist, aber sich ideal für Marder und Katze anbietet. Ebenfalls können oben genannte Installationen zum Einsatz gebracht werden. Außerdem befindet sich unter diesen Trümmerhaufen immer eine Anzahl von Mäusekolonien, die durch

Einbringung von Getreide auf bestimmte Plätze gebracht werden. Wenn man genau vorgeht, baut man in diesen Haufen Mäusekisten ein, die jeder sehr einfach aus Brettern herstellen kann. Man baut diese an oder integriert sie in die Kirrung, somit wird der Marder ein wenig gebremst und der Übersprung noch attraktiver.

4. Wie schon erwähnt, bieten diese Ruinen eine große Anzahl an trockenen Fangplätzen, die sich für jeglichen Einsatz von Fanggeräten, ob Durchlauffalle oder Abzugeisen, anbieten.

Hüttenboden mit Gerümpel

1. Besonders bei den Einschlupfstellen können Durchlauffallen aufgestellt werden.
2. Ebenso im Innenbereich, besonders an der Bretterwand können solche Fallen gestellt werden, natürlich im nahen Bereich eines Einlasses.
3. An diesen Punkt geht der Marder ebenso mit Vorliebe, da sich auch dort ein glatter Gang befindet. Außerdem hat er einen guten Ausblick auf die sich hier sicher herumtreibenden Mäuse.
4. Wo sogenannte Laufmöglichkeiten bzw. Zwänge wie hier vorhanden sind, ergeben sich fast magnetische Fangplätze, unter der Voraussetzung, dass angewittert wird. Anwittern heißt einen Fangplatz bzw. ein Fanggerät mit Lockstoffen oder Kirrungsmaterial zu beschicken, die Gerüche hinterlassen und aussenden. Das können Dörrobst, alte Bienenwaben, Schokolade, Hundekuchen oder einfach eine Hand voll Getreide sein, so haben die Mäuse hier ein Volksfest. Dort, wo sich Mäuse herumtreiben und Raubwild anwechselt, ist mit Sicherheit ein Fangerfolg zu verzeichnen, vorausgesetzt Fanggeräte sind aufgerichtet und Geduld ist vorhanden.

Einsame Hütte im Wald oder in der Landschaft

Dies ist überhaupt ein Fangplatz der besonderen Art, da allein stehende Gebäude oder Hütten im Wald oder in der eher einsamen ländlichen Gegend nahezu ein Magnet für alles Raubwild sind. In solchen Bauwerken gibt es genügend trockene Unterschlüpfe bzw. Verstecke für das Raubwild. Außerdem ist hier der Tisch meist auch im Winter reichlich gedeckt, da es da wahrscheinlich von Mäusen nur so wimmelt, die hier ihre Wintervorräte angelegt haben.

1. Hier ergibt sich eine besonders gute Möglichkeit für eine Durchlauffalle. Der Bereich entlang der Hüttenwand muss natürlich freigekehrt bzw. mit dem Laubrechen von Blättern bzw. Ästen freigelegt werden, so dass ein glatter Gang entsteht. Denn es ist bekannt: „Wo ein glatter Gang, ist auch ein glatter Fang."
2. Hier könnte man eine sogenannte Einstiegshilfe anbringen, indem man ein Brett darüberlegt. So kann jegliches anwechselnde Raubwild sehr leicht über das kaputte Fenster ins Innere der Hütte gelangen. Am Einschlupf selbst können diverse Fanggeräte zum Einsatz gebracht werden, wie zum Beispiel eine Conibear-Falle oder eine einfache Durchlauffalle, die jeder Jäger aufrichten darf. Natürlich sollten diese Fanggeräte nicht gleich scharf gestellt werden, damit ein Gewöhnungseffekt entsteht. Das bedeutet, man muss nicht gleich nach dem Aufstellen eines Fanggerätes kontrollieren gehen. So kann man nach einer Woche einmal nach Losungen schauen, da der Marder bei neu angebrachten Vorrichtungen gerne dort auch das Revier markiert. Es kann aber auch in eine Durchlauffalle feiner Sand eingebracht werden, um Spuren festzustellen. Weiters können Eier ausgelegt werden, um den Marder zu bestätigen. Immer wieder wichtig ist, dass Lebendfanggeräte gut angewittert werden.

Gittermast mit Hecke in der Landschaft

Wie man hier gut erkennt, ergibt sich durch den Masten mit der Hecke ein wahrer Inselcharakter. Dort kommt das Raubwild mit Vorliebe vorbei, da sich hier allerhand Kleingetier wie Insekten, Kleinsäuger, aber auch Vögel aufhalten und Deckung suchen. Natürlich hinterlassen diese Tiere eine Menge Witterung, alleine schon durch ihre Losung.

Dort kann man natürlich mit Anwittern nachhelfen, indem man zum Beispiel Teile von Fallwild in der kälteren Jahreszeit aufhängt. In der wärmeren Jahreszeit empfiehlt sich, eine Durchlauffalle in der Hecke zu installieren. Durchaus können im Sommer Hasenbälge aufgehängt werden, man muss sich nur die Mühe machen, dass man von überfahrenen Hasen zumindest einen Teil des Balges hernimmt und aufhängt. In die Durchlauffalle sollte man auf jeden Fall Getreide und Leckerli einbringen, um so die Mäuse und mit den Leckerli das Raubwild anzulocken.

Außerdem kann man mit überfahrenen Hasen eine Schleppe zur Hecke hin ziehen. Es entsteht dabei eine Duftautobahn, auf die jegliches Raubwild „abfährt".

Brücke über Fließgewässer

1. Unter einer Brücke entsteht immer ein Zwangswechsel, der natürlich besonders für den Einbau von Durchlauf- und Wieselwippbrettfallen geeignet ist. Die Fanggeräte sollten immer mit Getreide bestückt sein, da sich an trockenen Stellen immer Mäuse aufhalten, die dann derartige Fangeinrichtungen gerne zum „Festschmaus" aufsuchen.
2. Hier kann ebenso wie in Punkt eins vorgegangen werden.
3. Auch im Umfeld von Gewässern sind erstklassige Fangplätze, da Raubwild mit Vorliebe derartige Uferverläufe absucht.

Holzlagerplätze

Solche Lagerplätze sind zu jeder Jahreszeit, aber besonders im Winter, im Auge zu behalten, da hier der Marder, aber auch der Fuchs bis zur streunenden Katze Unterschlupf sucht. In wärmeren, schneelosen Zeiten können hier Durchlauf- und Wieselwippbrettfallen installiert werden, die natürlich angewittert sein sollten. In der Winterzeit, bei Schneelage kann durchaus neues Raubwild wie z. B. der Marder bestätigt werden. Man kann durch Ausklopfen (aber besser hilft der Traktor mit Frontlader) den

Marder austreiben. Notfalls kann mit Krachern nachgeholfen werden. Die Schützen sollten nicht zu nahe abgestellt werden. Der Hund sollte genügend Platz zum Arbeiten haben und natürlich nur auf den vom Schützen wegflüchtenden Marder schießen.

Forstweg und Schacht

1. Auf Forstwegen geht das Raubwild mit Vorliebe. Vor allem kann es sich hier lautlos bewegen und bekommt meist guten Wind, wenn, so wie hier, Hänge vorhanden sind. Man kann an diesen Stellen sehr gut ankirren, besonders, wenn, wie hier, ein Wechsel besteht.
2. Läuft das Raubwild dem Wechsel oder Forstweg entlang, bekommt es sehr schnell Wind, wenn hier ausreichend gekirrt wird. Man sollte sich unmittelbar in der Nähe des Wechsels bzw. des Forstweges einen Fangplatz suchen. Immer auf den Wind achten – zuerst muss der Wind über den Fangplatz und dann über den Forstweg bzw. Wechsel streichen. Wenn Totschlagfallen verwendet werden, müssen diese natürlich in Fangbunkern untergebracht werden.
3. Ist ein Schacht neben einem Forstweg vorhanden, so kann dieser jederzeit unter der Voraussetzung bekirrt werden, dass er trocken ist. Es ist jederzeit möglich, dass Raubwild den Schacht aufsucht. Da diese Schächte auf der andern Seite meist einen Auslauf haben, können diese mit Durchlauffallen bestückt werden. Natürlich bitte immer entsprechend tarnen.

Übergang über tiefer liegenden Bach

1. Legt man ein Brett über einen Bach, wird er bestimmt vom Raubwild angenommen. Daher an passenden Stellen im Revier solche „Brücken" anlegen.
2. Dieser Platz eignet sich wieder für einen Fangbunker, da das Raubwild gerne entlang von Bächen geht.
3. Am höheren Ufer wäre dieselbe Möglichkeit oder man legt hier nur einen Kirrplatz an.
4. Hier kann man z. B. einen Witterungseimer anbringen, das sollte ein kleiner Eimer in nicht leuchtenden Farben sein, in den man an der Unterseite kleine Löcher sticht oder bohrt. Man

kann ihn z. B. mit einem Aufbruch beschicken oder mit sonstigem Kirrmaterial. Regnet es erst einmal hinein, tropft einiges Material mit zu Boden und gibt Witterung ab. Man kann auch in den Eimer seitliche Löcher bohren oder stechen, damit der Wind durchziehen kann.

5. Auf solch einem Übergang kann auch eine Durchlauffalle installiert werden. Natürlich muss diese Falle schon im Sommer aufgestellt und mit Altgras und Ästen abgedeckt werden, um sie zu tarnen. Die Falle muss zuerst einmal „auf Durchlauf" betrieben werden. Sie sollte mindestens die Maße 30 cm x 40 cm x 2 m haben. Somit können auch Füchse und Dachse gefangen werden.

Abgedeckter Brennholzstoß

1. Hinter so einem Holzstoß kann man auf jeden Fall eine Durchlauffalle mit entsprechend glattem Gang anlegen, denn „ Glatter Gang ist glatter Fang".
2. Zwischen den Scheitern können auch Hohlräume für Wieselwippbrettfallen genutzt werden. Ganz allgemein werden solch große Stapeln gerne vom Marder angenommen und sind daher regelmäßig mit dem Hund zu kontrollieren. Im Winter kann man dem Marder durchaus neue bestätigen. Er ist aber auch vom Ansitz durch Beköderung bzw. Ankirren mit der Flinte zu bejagen. Es sollte natürlich eine gewisse „Schneelichte" herrschen.

Fütterung im tiefen Wald

1. Hohlräume unter Winterfütterungen bieten immer eine gute Möglichkeit, um Fanggeräte zu installieren. Im Winter tummeln sich hier durch das herangebrachte Futter immer Mäuse.
2. Rund um die Fütterung sollte ein Gang mit mindestens 20 cm Breite angelegt werden und somit können an der Rückwand oder den Seitenwänden Durchlauffallen installiert werden.
3. Am Dach kann auch gefangen werden, aber nur in der schneefreien, kalten Zeit. Hier kann ein Abzugeisen mit transportabler Fangkiste installiert werden. Es müssen aber die Fangverordnungen der jeweiligen Bundesländer beachtet werden!
4. Hier eine sogenannte Aufstiegshilfe (umgeknickter Baum), die von Natur aus geschaffen wurde.

Hühnerleiter

Eine Hühnerleiter zu einem aufgelassenen Hühnerstall ist ein idealer Fangplatz für eine Durchlauffalle, da man immer genügend Witterung in die Durchlauffalle einbringen kann, um den Aufstieg so attraktiv wie möglich zu machen. Außerdem kann man die Leiter selbst mit Lockstoffen versehen.

Hat man in anderen Gebäuden ähnliche Öffnungen, kann man auch selbst so einen Aufstieg montieren, um dahinter eine Durchlauffalle aufzustellen. Wichtig ist immer, dass man die Durchlauffalle ausreichend anwittert und beködert, das ist die halbe Miete des Fangerfolges.

Rohrdurchlass

1. Größere Rohrdurchlässe sind immer geeignet, um eine Durchlauffalle anzubringen, egal ob Wald, Feld, Flur oder verbautes Gebiet. Wichtig ist, dass diese Durchlässe trocken sind. Längere Verrohrungen (von 5 m aufwärts) werden gerne auch unter Tags angenommen, besonders in der Ranzzeit. Deshalb können diese auch sehr gut mit dem Bauhund bejagt werden. Gewisse Verrohrungen sind immer wieder besetzt.
2. Leerräume um den Rohrkörper sind unbedingt zu verfüllen, z. B. mit Steinen.
3. Zum Rohrkörper hin soll einige Meter ein glatter Gang geschaffen werden.